KB050495

세계도시 바로 알기

7 대양주·남아시아

권용우

박영사

하나님의 사랑을 위하여

머리말

대양주는 오세아니아를 일컫는다. 남아시아는 남부아시아라고도 한다. 제7권에서는 대양주의 오스트레일리아, 뉴질랜드와 남아시아의 인도, 파키스탄, 방글라데시, 스리랑카, 네팔을 다룬다.

1788년 영국이 호주에 들어왔다. 1901년 호주 연방이 설립됐다. 1901-1927년 사이 멜버른이 수도였다. 1927년 이후는 캔버라가 수도다. 호주는 영어를 자국어로 사용한다. 호주는 혼합 시장 경제 체제다. 2022년 호주의 1인당 GDP는 66,408달러다. 노벨상 수상자는 14명이다. 2021년 기준으로 호주의 종교 분포는 기독교 43.9%, 이슬람교 3.2%, 힌두교 2.7%, 불교 2.4%다. 캔버라는 계획 도시다. 시드니와 멜버른은 경제 문화 도시다. 브리즈번과 골드 코스트는 해안 도시다.

1840년 영국은 뉴질랜드 마오리와의 공존을 도모했다. 뉴질랜드 공식 언어는 영어, 마오리어, 뉴질랜드 수화다. 주요 산업은 식품 가공, 농목업, 임업, 관광, 금융 서비스다. 2022년 1인당 명목 GDP는 47,278달러다. 노벨상 수상자가 3명 있다. 종교는 2013년 기준으로 기독교가 47.7%, 이슬람교, 불교, 유대교 등은 1.5% 미만이다. 수도는 웰링턴이다. 북섬과 남섬의 중간에 있다. 북섬에는 오클랜드, 로토루아가 있다. 남섬에는 크라이스트처치, 퀸즈타운, 더니든이 있다. 북섬에 와이토모 동굴이, 남섬에 아오라키/마운트 쿡 국립공원과 밀포드 사운드가 있다.

인도는 아소카 시대(BC 268-BC 232), 무굴 제국 시대(1526-1857), 현대(1947-) 등 세 번에 걸쳐 통일을 이뤘다. 공식 언어는 힌디어와 영어다. 2022년도 1인당 GDP는 2,466달러다. 2022년 국가별 GDP는 3,468,566백만 달러로 세계 5

위다. 노벨상 수상자가 12명 있다. 종교는 2022년 기준으로 힌두교 80%, 이슬람교 14%다. 2011년의 경우 기독교·시크교·불교·자이나교 신자는 합쳐서 5.09%였다. 수도 뉴델리와 올드 델리는 인도 수도권 중심 도시다. 아그라에 타지마할이 있다. 자이푸르는 핑크 도시라 불린다. 뭄바이는 경제 도시다. 콜카타는 서벵골의 중심 도시다. 찬디가르는 펀자브에 있는 계획 도시다.

파키스탄은 1947년에 독립했다. 1973년 파키스탄 이슬람 공화국으로 바뀌었다. 국어는 우르두어다. 공용어는 우르두어와 영어다. 2022년 1인당 GDP는 1,658달러다. 노벨상 수상자가 3명 있다. 공식 종교는 이슬람교다. 2017년 기준으로 종교 구성은 이슬람교 96.5%, 힌두교 2.1%, 기독교 1.3% 등이다. 이슬라마바드는 수도다. 계획 도시다. 카라치는 경제 도시다.

방글라데시는 1971년 독립했다. 벵골어는 모국어이고 공용어다. 교육기관에서는 영어 사용도 허용된다. 2022년 기준으로 1인당 GDP는 2,734달러다. 노벨상 수상자가 1명 있다. 종교는 이슬람교 91.4%, 힌두교 8%다. 불교와 기독교는 각각 1% 미만이다. 다카는 수도다. 갠지스 삼각주에 위치했다.

스리랑카는 1948년 독립했다. 공용어는 싱할라어와 타밀어다. 영어도 쓰인다. 민족 구성은 싱할라족 75%, 타밀족 11.2%, 무어족 9% 등이다. 2022년 기준으로 1인당 GDP는 3,293달러다. 노벨상 수상자가 1명 있다. 종교는 2012년 센서스에서 불교 70.2%, 힌두교 12.6%. 이슬람교 9.7%, 기독교 7.4%로 조사됐다. 코테는 법률적 행정 수도다. 콜롬보는 실질적 경제 수도다.

네팔은 1768년 왕국을 세웠다. 2008년 연방 공화국으로 바뀌었다. 공식 언어는 네팔어다. 2011년 사용 언어 비율은 네팔어 44.6%, 마이틸리어 11.7%, 보지푸리어 6.0%로 조사됐다. 2022년 1인당 GDP는 1,293달러다. 종교는 2011년 기준으로 힌두교 81.3%, 불교 9.04%, 이슬람교 4.39%, 기독교 1.41%다. 카트만두는 수도다. 힌두교 불교 문화가 발달했다.

과학자 토마스 쿤은 『과학 혁명의 구조』(1962년판)에서 패러다임 개념을 제시했다. '과학 혁명이 생성되고, 유지되며, 소멸하는 원칙을 무엇이라고 할까?'라는 문제 제기였다. 그는 원칙인 그 무엇을 「패러다임」이라고 정의했다.

도시는 시작되고, 유지되며, 발전하거나, 소멸하는 변천 과정을 거친다. 그렇다면 도시 변천 과정에서 각 도시의 총체적 생활양식은 어떠할까? 도시를 연구하고 현지를 답사다니면서 줄기차게 매달렸던 주제다.

1970년부터 국내 답사를 시작했다. 전국의 시·군·구 지역을 다녔다. 1986년에 『서울 주변지역의 교외화에 관한 연구』로 박사 학위를 취득했다. 논문의 사례지역이 수도권이었다. 3년간에 걸쳐 10,000가구를 설문 조사했다. 수도권 시·읍·면·동을 대상으로 현지 답사를 통해 자료를 얻었다. 1987년부터 2021년까지 34년간 60여 개 국가 수백개 도시를 답사했다.

『세계도시 바로 알기』에서는 서부유럽·중부유럽, 북부유럽, 남부유럽, 동부유럽, 중동, 아메리카, 대양주·남아시아의 52개국 200개 도시를 고찰했다. 총체적 생활양식론의 관점에서 각 나라와 도시의 지리, 역사, 경제, 문화를 중점적으로 살펴봤다. 본서에서는 말, 먹거리, 종교의 세 가지 패러다임이 도시의 총체적 생활양식을 해석할 수 있는 관건(Key)이라고 전제했다. 총체적 생활양식의 관점에서 각종 문헌을 연구하고 현지 답사를 진행했다. 각 나라와 도시의 변천 과정에서 세 가지 패러다임이 어떻게 나타나는지를 실증적으로 검증하기 위해서다.

도시는 중동 메소포타미아의 비옥한 초승달 지역에서 시작됐다. 도시 변천의 흐름은 그리스를 거쳐 로마에 이른다. 로마는 유럽의 대부분을 식민지로 만들었다. 각 식민지에는 식민 도시가 조성됐다. 대항해 시대가 열렸다. 스페인, 포르투갈, 프랑스는 아메리카로 건너가 식민지를 건설했다. 영국은 북아메리카, 대양주, 남아시아로 진출했다. 영국은 지구촌의 상당 지역을 식민지로 만들었다. 식민 지역에는 영국, 스페인, 포르투갈, 프랑스의 생활양식이 자리 잡았다.

기원전 메소포타미아에서 예수 시대에 이르기까지의 언어는 아람어(Aramaic)다. 로마는 라틴어(Latin)를 구사했다. 라틴어는 영어에 큰 영향을 미쳤다. 프랑스어, 스페인어, 포르투갈어는 라틴어의 직계다. 공간적·지리적 관점에서 아람어, 라틴어, 영어는 세계 언어로서의 역할을 해왔다고 인지된다. 독자적인 자국어를 가진 국가는 자국어를 모국어로 사용하면서 영어를 외국어로 쓴다.

근대 이후 세계 유수의 나라와 도시는 끊임없는 혁신으로 다양한 먹거리 핵심 산업을 키웠다. 핵심 산업은 자동차, 조선, 전자, 건설, 석유, 기계, 의료, 방위, 교육, 관광 산업 등이다. 21세기에 들어서 인공지능, 빅 데이터, 자율주행차, 드론, 로봇, 사물 인터넷, 생명, 첨단 소재, 차세대 원자력, 항공우주 등의 신산업이 대두됐다. 잘사는 나라와 도시는 이들 핵심 산업의 대부분 내지 상당 부분에서 세계 상위권에 들어 있다. 잘살지 못하는 곳은 이들 핵심 산업을 가지고 있지 않거나 상위권에 있지 않다.

한 나라와 도시가 흔들림없이 유지되는 근간에서 종교는 중요하다. 전쟁과 분쟁이 일어나도 종교적으로 뭉쳐있으면 생활양식은 견고했다. 『세계도시 바로 알기』에서 살펴본 대부분 지역에서 아브라함 종교의 영향력은 지대했다. 313년 로마는 기독교를 국교로 정했다. 로마의 식민지였던 유럽은 기독교 국가로 바뀌었다. 아메리카, 대양주에 기독교가 전파됐다. 러시아, 유럽 일부 지역에 동방정교회가 뿌리내렸다. 1517년 종교 개혁으로 개신교가 정립됐다. 개신교는 유럽 상당 지역, 아메리카, 대양주에 퍼졌다. 중동에 이슬람교가 자리잡았다. 힌두교, 이슬람교, 불교는 남아시아의 중심 종교다.

2022년 기준으로 세계 인구는 8,000,000,000명으로 추산했다. 인구

50,000,000명 이상인 국가는 28개국이다. 그리고 1인당 GDP 30,000달러 이상인 국가를 일반적으로 선진국이라 칭한다. 1인당 GDP는 IMF, 세계은행, UN에서 산정해 보고했다. IMF는 2022년 기준으로 산정했다.

IMF 보고서에 포함된 국가 가운데 1인당 GDP 30,000달러 이상인 국가는 32개국이다. 32개국 중 인구 50,000,000명 이상/1인당 GDP 30,000달러 이상인 국가는 7개국이다. 7개 국가 가운데 미국이 75,180달러로 높다. 독일이 48,398달러, 영국이 47,318달러, 프랑스가 42,330달러다. 일본이 34,358달러, 이탈리아가 33,740달러, 대한민국이 33,592달러다. 산업이 고도화되어 있는 나라에 노벨상 수상자가 많다. 이스라엘의 샬레브는 1901-2000년 사이의 노벨상 수상자의 65.4%가 기독교인이거나 기독교 배경을 가지고 있다고 추정했다. 7개국 가운데 일본을 제외한 6개국의 제1종교가 기독교다. 일본은 신도/불교 70%다. 한국은 기독교 28%, 불교 16%다.

『세계도시 바로 알기』에서는 지리와 역사가 말(language)로, 경제가 먹거리(industry)로, 문화가 종교(religion)로 포괄 수렴되고 있다. 그리고 말, 먹거리, 종교의 패러다임이 각 나라와 도시의 총체적 생활양식에 깊숙이 배어 있음이 실증적으로 확인된다.

사랑과 헌신으로 내조하면서 원고를 리뷰하고 교정해 준 아내 이화여자대학교 홍기숙 명예교수님께 충심으로 감사의 말씀을 드린다. 원고를 리뷰해 준 전문 카피라이터 이원효 고문님께 고마운 인사를 전한다. 특히 본서의 출간을 맡아주신 박영사 안종만 회장님과 정교하게 편집과 교열을 진행해 준 배근하 과장님께 깊이 감사드린다.

2023년 5월

권용우

차례

VIII 대양주

IX 남아시아

대양주와 남아시아

대양주는 Oceania(오세아니아)를 일컫는다. 민족학적으로 오스트랄라시아, 멜라네시아, 미크로네시아, 폴리네시아로 구분한다. 오스트랄라시아는 오스트레일리아, 뉴질랜드 등이다. 멜라네시아는 파푸아뉴기니, 파푸아, 피지, 서파푸아, 솔로몬 제도, 바누아투, 뉴칼레도니아 등이다. 미크로네시아는 괌, 키리바시, 미크로네시아 연방, 북마리아나 제도, 마셜제도, 팔라우, 나우루 등이다. 폴리네시아는 하와이, 프랑스령 폴리네시아, 사모아, 통가, 미국령 사모아, 투발루 등이다.

남아시아는 South Asia를 말한다. 남부 아시아라고도 한다. 지리적 민족적 문화적 용어로 정의되는 지역이다. 인도, 파키스탄, 방글라데시, 스리랑카, 네팔, 부탄, 몰디브, 아프가니스탄 등이다. 남아시아는 서아시아, 중앙아시아, 동아시아, 동남아시아와 경계를 이룬다.

여기에서는 대양주의 오스트레일리아, 뉴질랜드, 그리고 남아시아의 인도, 파키스탄, 방글라데시, 스리랑카, 네팔을 다루기로 한다.

대양주

Darwin
Katherine
Wyndham
Kununurra
Derby
Broome
Port Hedland
Dampier
Karratha
Yarrie
WESTERN
AUSTRALIA
Paraburdoo
Newman
Carnarvon
Meekatharra
Leonora
Geraldton
Kalgoorlie
Perth
Fremantle
Bunbury
Esperance
Albany
NORTHERN
TERRITORY
Tennant Creek
Alice Springs
Yulara
Weipa
Normanton
Cairns
Forsayth
Townsville
Mount Isa
Charters Towers
Mackay
QUEENSLAND
Rockhampton
Yaraka
Bundaberg
Quilpie
Charleville
Maryborough
Cunnamulla
Toowoomba
Brisbane
Gold Coast
SOUTH
AUSTRALIA
Coober Pedy
Leigh Creek
Ceduna
Port Augusta
Whyalla
Port Pirie
Port Lincoln
Adelaide
Mount Gambier
Bourke
Walgett
Lismore
NEW SOUTH
WALES
Armidale
Coffs Harbour
Broken Hill
Cobar
Tamworth
Dubbo
Port Macquarie
Mildura
Hillston
Orange
Newcastle
Sydney
Wollongong
Swan Hill
Wagga Wagga
Canberra
Bendigo
Albury
VICTORIA
AUSTRALIAN CAPITAL TERRITORY
Ballarat
Melbourne
Warrnambool
Geelong
Bairnsdale
Devonport
Launceston
TASMANIA
Hobart

46

오스트레일리아 연방

그림 1 오스트레일리아 연방 국기

01 호주 전개 과정

호주의 공식 명칭은 Commonwealth of Australia다. 오스트레일리아 연방, 호주 연방으로 칭한다. 약칭으로 오스트레일리아, 호주(濠洲)라 한다. 7,692,024㎢ 면적에 2022년 추정으로 26,006,500명이 거주한다. 호주는 호주 대륙 본토, 태즈메니아섬, 인도양과 태평양의 작은 섬으로 구성되어 있다. 수도는 캔버라다. 영연방 국가다. 동군연합으로 국가 원수는 영국왕이다. 국왕을 대표하는 총독이 있다. 입헌군주제의 대의 민주주의 체제다. 유엔, G20, OECD, WTO, ANZUS, APEC, 쿼드, 태평양 제도 포럼에 가입해 있다.

「오스트레일리아」라는 이름은 Terra Australis(테라 아우스트랄리스)에서 유래했다. 고대부터 남반구에 있다는 가상의 대륙을 지칭하는 이름이다. '남부의 땅'이란 뜻이다. 1817년 Australia 용어가 공식적으로 사용됐다. 1824년 영국 해군이 Australia 용어에 동의했다. 1830년 해도에 표기됐다. 한자로는 호사태랄리아주(濠斯太剌利亞洲)로 읽는다. 줄여서 호주(濠洲)라 말한다.

호주 국기는 1901년 제정되어 멜버른에서 처음 게양됐다. 1903년 승인되었다. 1908년 현재의 형태로 수정됐다. 국기는 파란색 바탕에 블루 엔사인, 연방의 별, 남십자자리로 구성되어 있다. 왼쪽 상단 블루 엔사인의 유니언 잭은 호주가 영국 연방에 속했음을 뜻한다. 유니언 잭 아래의 흰색 큰 칠각

별은 Commonwealth Star(연방의 별)이라 한다. 호주의 주와 준주를 의미한다. 오른쪽에 있는 4개의 하얀색 칠각별과 1개의 오각별은 남십자자리를 표시한다. 남십자자리는 남십자성(南十字星)이라고도 한다. 호주 등 남반구 나라에서 항상 볼 수 있는 별자리다. 왼쪽 상단의 유니온 잭이 있는 블루 엔사인(Blue Ensign)은 17세기부터 영국과 관련된 국기에 쓰였다. 호주 국기는 Australian Blue Ensign(오스트레일리아 블루 엔사인)이라고도 한다.그림 1

호주에는 공용어가 없다. 영어가 사실상 자국어다. 2021년 기준으로 인구의 72%가 집에서 영어를 사용한다고 조사됐다. 2021년 시점에서 출생지는 호주 33.8%, 남부와 중앙 아시아 6.5%, 동북 아시아 6.4%, 동남 아시아 4.5%, 북아프리카와 중동 3.2%, 아메리카 1.4%, 사하라사막 이남 아프리카 1.3% 등으로 조사됐다.그림 2

그림 2 **2021년 출생지별 호주 거주자의 분포**

그림 3 **호주의 그레이트 배리어 리프와 산호 위의 푸른 불가사리**

호주 내륙 중앙은 대부분이 사막이다. 내륙의 고산 지대와 북동쪽은 열대 우림이다. 남동쪽, 남서쪽, 동쪽에는 산맥이 있다. 내륙 중앙은 건조, 반건조 기후다. 북부는 열대성 기후다. 여름에 집중적으로 비가 온다. 남동쪽은 해양, 온난 습윤, 고산, 아열대 기후가 다양하게 나타난다.

그레이트 배리어 리프(大堡礁)는 퀸즐랜드 연안의 산호초 시스템이다. 348,700㎢ 면적에 2,300km 이상 뻗어 있다. 2,900개 이상의 개별 암초와 900개의 섬으로 구성되어 있다. 푸른 불가사리가 산호 위에 있는 대보초(大堡礁)다. 1981년 유네스코 세계문화유산에 등재됐다.그림 3

그림 4 **호주 중부 반건조 지역의 울룰루**

Uluṟu(울룰루)는 Ayers Rock(에어즈 락)이라고도 한다. 호주 중부 반건조 지역에 있는 사암 지층이다. 사암 지층은 높이 348m, 해발 고도 863m로 대부분이 지하에 있다. 전체 둘레는 9.4km다. 새벽과 일몰에 붉게 빛난다. 주변에 샘물, 물웅덩이, 암석 동굴이 있다. 1930년대 후반에 공개됐다. 1987년 유네스코 세계문화유산에 등재됐다.그림 4

Koala(코알라)는 호주에 서식하는 유대류(有袋類)다. 몸길이가 60-85cm다. 무게가 4-15kg이다. 머리는 크고 몸에는 꼬리가 없다. 귀는 둥글고 푹신하다. 코는 큰 숟가락 모양이다. 모피 색상은 은회색에서 초콜릿 갈색까지 다양하다. 코알라는 유칼립투스(Eucalyptus) 잎을 먹는다. 유칼립투스는 호주가

그림 5 **호주의 명물 코알라와 캥거루**

원산지다. 호주 삼림의 4분의 3이 유칼립투스 숲이다.그림 5

Kangaroo(캥거루)는 '큰 발'을 뜻한다. 유대류다. 캥거루는 호주와 뉴기니가 원산지다. 2019년 기준으로 42,800,000마리가 사는 것으로 추정됐다. 종의 크기에 따라 캥거루, 왈라루, 왈라비로 구분한다. 나무캥거루는 몸통과 머리 길이가 48-65cm, 꼬리 길이가 60-74cm다. 무게는 수컷 7.2kg, 암컷 5.9kg다. 캥거루의 뒷다리는 크고 강력하다. 큰 발은 도약에 적합하다. 꼬리는 균형잡을 수 있는 긴 근육질로 되어 있다. 머리는 작다. 앞니는 땅 가까이에서 풀을 베고 어금니는 풀을 자른다. 암컷 캥거루는 아기 조이가 출생한 후 발달이 멈추는 주머니를 가지고 있다.그림 5

그림 6 **네덜란드 탐험가 아벨 태즈먼과 영국 탐험가 제임스 쿡**

65,000년 전부터 이곳에 사람이 살았다. 동남아시아에서 바다를 건너 이주했다. 1606년 네덜란드가 호주를 발견했다. 1642-1643년 네덜란드인 아벨 태즈먼은 태즈메이니아섬, 뉴질랜드, 뉴기니섬을 발견했다. 1644년 그는 호주를 New Holland(뉴홀랜드)라 칭했다. 1770년 영국 출신 제임스 쿡이 호주 동쪽에 도착해 뉴사우스웨일즈라고 명명했다.그림 6

1788년 1월 26일 영국은 포트잭슨만 시드니 코브에 캠프를 세웠다. 죄수들이 뉴사우스웨일즈와 태즈매니아 포트 아서로 이송됐다. 1850년대에 골드 러시가 이뤄졌다. 1901년 호주 연방이 설립됐다. 1901-1927년 사이에 멜버른이 임시 수도가 됐다. 1914년 제1차 세계 대전에 참전했다. 1927년 캔버라로 수도를 옮겼다. 1942년 웨스트민스터 헌장을 적용 받아 영국과 분리됐다. 1948년부터 호주에 사는 영국인은 호주 국적을 사용했다. 제2차 세계

대전에 참전했다. 1950년대 한국전쟁과 1962-1972년 베트남전쟁에 참전했다. 1951년 미국과 동맹을 맺었다. 미국과 호주는 태평양 안전 보장 조약인 ANZUS에 속해있다. 1973년 백호주의를 폐지했다. 1986년 호주법으로 입법권과 사법권을 행사해 호주는 완전한 자주 국가가 됐다. 2001-2021년 아프가니스탄전쟁과 2003-2009년 이라크전쟁에 참전했다.

호주는 혼합 시장 경제 체제다. 2022년 기준으로 GDP는 세계 14위다. 2017년의 경우 부문별 GDP는 서비스 62.7%, 건설 7.4%, 광산 5.8%, 제조 5.8%, 농업 2.8%다. 국립 호주 은행, 연방 은행, 호주 뉴질랜드 은행 등은 안전한 은행으로 평가받는다. 2017/18년도 기준으로 관광은 호주 GDP의 3.1%다. 저작권 산업은 2016년 호주 경제 생산량의 7.4%다. 2019년 기준으로 금, 철광석, 보크사이트, 망간, 납, 아연, 코발트, 우라늄, 은, 구리 채굴량은 세계 최상위권이다. 오팔, 다이아몬드, 루비, 사파이어 등 보석 생산국이다. 농목업 농장이 호주 대륙의 61%다. 사탕수수, 밀, 보리, 귀리와 양질의 쇠고기, 양고기가 생산된다. 주요 수출 파트너는 중국, 일본, 한국, 미국, 인도, 뉴질랜드다. 2022년 호주의 1인당 GDP는 66,408달러다. 노벨상 수상자는 14명이다.

호주에는 국교가 없다. 2021년 기준으로 기독교 43.9%, 이슬람교 3.2%, 힌두교 2.7%, 불교 2.4%다. 기독교 가운데 가톨릭이 20%, 호주 성공회가 9.8%다.

호주 문화는 앵글로-셀틱, 원주민, 이민자의 다양성을 담았다. 100,000개가 넘는 원주민 암벽화 유적지가 있다. 원주민 구전 문화를 작품화했다. 공연 예술 활동이 활발하다. 소프라노 조안 서덜랜드, 오페라 가수 넬리 멜바가 활동했다. 1906년 장편 내러티브 영화가 제작됐다. 1879-1880년 멜버른

그림 7 **호주 시드니 놀란의 『뱀 *Snake*』 벽화**

에 왕립전시관을 지었다. 1880년 멜버른 국제 박람회, 1888년 멜버른 100주년 박람회, 1902년 호주 연방 국제 박람회가 개최됐다.

시드니 놀란은 1970-1972년에 『뱀 *Snake*』 벽화를 제작했다. 태즈매니아 호바트의 신구(新舊) 미술관 컬렉션 가운데 하나다. 규모는 9.14m×45.72m다. 잉크, 염료, 왁스 크레용을 사용했다. 원주민 창조 신화인 무지개 뱀에서 영감을 받았다. 가뭄 후에 만발한 사막 꽃과 결합해 작품을 만들었다. 1,620개 패널로 구성됐다. 각 패널의 이미지는 더 큰 뱀 이미지를 이루도록 배열됐다. 원주민 뱀 춤에서의 빠른 손동작, 작은 제스처, 근육 움직임이 그림으로 표현될 때까지 수천 번 반복했다고 한다.그림 7

02 수도 캔버라

캔버라는 호주의 수도다. Canberra는 행정 도시다. 814.2㎢ 면적에 2021년 기준으로 453,558명이 거주한다. 해발 고도 578m에 위치했다.

Canberra는 캔베리(Canberry) 또는 캄베라(Kambera)에서 유래했다고 설명한다. 이곳에 살던 원주민 은군나왈(Ngunnawal)족이 '만남의 장소'라는 뜻으로 쓰던 말이다. 1830년 지도에 캔베리(Canberry)라는 용어가 등장했다. 1857년 캔베리의 파생어 Canberra라는 단어가 사용됐다. Canberra는 '여성의 가슴', '여성의 가슴 사이의 빈 공간'이라는 해석도 있다.

1901년 호주가 대영제국의 자치령이 되면서 수도 입지 논의가 진행됐다. 1908년 시드니와 멜버른의 중간 지점인 캔버라를 수도로 정했다. 캔버라는 시드니에서 287km, 멜버른에서 465km 떨어져 있다. 1913년 도시 건설이 시작됐다. 국제 공모를 통해 시카고 건축가 그리핀 부부가 도시 설계를 맡았다. 전원 도시의 영향을 받아 넓은 초지가 있는 도시를 설계했다. 녹지가 많아 「숲이 우거진 수도(Bush Capital)」라는 별명을 얻었다. 1927년 호주의 수도는 멜버른에서 캔버라로 천도(遷都)됐다. 1960년까지 캔버라의 도시 정비가 진행됐다. 2013년에 캔버라 100주년을 기념했다.

캔버라는 계획 도시다. 캔버라의 도시 주변에는 에인슬리산, 블랙산, 레드 힐이 있다. 각 산을 꽃으로 뒤덮을 계획을 세웠다 한다. 에인슬리(Ainslie)

그림 8 **호주 캔버라의 수변축, 육지축, 의회 삼각형 지도**

산은 캔버라 북동쪽 교외에 위치했다. 해발 843m다. 캔버라에는 연방 정부, 의회 의사당, 고등 법원, 정부 관청이 있다. 전쟁 기념관, 국립 미술관, 국립 박물관, 국립 도서관, 국립 과학기술센터 퀘스타콘이 있다. 대사관, 국제 기관, 사회 기관이 있다.

그림 9 **호주 수도 캔버라의 수변축과 육지축**
주: 위(上)가 남쪽이고 아래(下)가 북쪽임

캔버라는 수변축과 육지축으로 구성되어 있다. 수변축은 벌리 그리핀 호수 축이다. 육지축은 캐피탈 힐의 의회 의사당에서 북동쪽으로 안작 퍼레이드를 따라 에인슬리산 기슭의 호주 전쟁 기념관으로 뻗은 축이다.그림 8, 9

그림 10 **호주 캔버라의 의회 삼각형 모형**
주: 위(上)가 남쪽이고 아래(下)가 북쪽임

캔버라의 주요 도로는 바퀴살 모양으로 뻗어있다. 도시 구조에 「의회 삼각형」의 세 가지 축이 있다. 첫 번째 축은 캐피탈 힐 국회 의사당에서 연방 대로를 따라 시티까지 이어진다. 두 번째 축은 시티에서 헌법 대로를 따라 러셀 지구의 방위군 본부까지 연계된다. 세 번째 축은 방위군 본부에서 킹스 대로를 따라 다시 캐피탈 힐 국회 의사당에 이른다.그림 8, 10

그림 11 **호주 캔버라의 벌리 그리핀 호수**

벌리 그리핀 호수는 인공 호수다. 표면적 6.64㎢, 길이 11km, 평균 깊이 4m, 최대 깊이 18m다. 몰롱글로강이 댐으로 막힌 후 1963년에 완공했다. 1964년에 공식 개통했다. 호수 명칭은 캔버라 설계자의 이름을 땄다. 호수는 도시의 지리적 중심이다. 고등 법원, 국립 박물관, 국립 미술관, 국립 도서관, 호주 국립 대학 등이 호수 연안에 세워졌다.그림 11

국회의사당은 호주 정부의 입법부가 있는 곳이다. 1981-1988년 기간에 완성했다. 호주 건국 200주년을 기념하는 해인 1988년 새로운 국회의사당이 개원했다. 1927년까지 멜버른에서 연방 의회가 열렸다. 1927-1988년 사이에 호주 의회는 「구 국회의사당」에서 개최됐다. 국회의사당은 캐피털 힐 의회 삼각형의 남쪽 꼭대기에 위치했다. 스테이트 서클로 둘러싸여 있다. 연방, 애들레이드, 캔버라, 킹스 대로가 국회의사당에서 만난다. 국회의사당은 높이 107m다. 콘크리트 구조물이다. 건물의 기본 설계는 두 개의 부메랑 모양을 기반으로 했다. 꼭대기에 81m의 깃대가 있다. 깃발은 12.8m×6.4m 크기다. 국회의사당에는 4,700개의 방이 있다. 하원 의원실은 녹색으로, 상원 의원실은 빨간색으로 꾸며져 있다. 국회의사당 오른쪽 벌리 그리핀 호수 연변에 국립과학기술센터 퀘스타콘이 있다. 퀘스타콘은 쌍방향 과학 커뮤

그림 12 **호주 캔버라 국회 의사당 조감도**

니케이션 박물관이다. 1988년에 문을 열었다. 과학 기술과 관련된 200개 이상의 인터랙티브 전시물이 있다. 과학적 영감을 제공하는 과학 프로그램을 운영한다.그림 12-14

ANZAC(안작)은 호주 뉴질랜드 육군 군단의 이니셜을 딴 표현이다. 호주와 뉴질랜드 육군 군단은 1914-1916년의 제1차 세계 대전과 1941년의 제2차 세계 대전에 참전했다. 안작 퍼레이드는 안작을 기리기 위해 명명됐다. 「4월 25일 안작의 날」과 여러 행사가 열린다. 안작 퍼레이드는 북동쪽 라임스톤 애비뉴와 페어베언 애비뉴로부터 남서쪽 파크스 웨이까지 이어진다. 시빅과 러셀 사이의 헌법 대로를 양분한다. 안작 퍼레이드는 캐피탈 힐 국회의사당과 에

그림 13 **호주 캔버라의 구(舊) 국회 의사당(앞), 국회 의사당(뒤), 깃대, 퀘스타콘**

그림 14 **호주 캔버라 국회 의사당(위)와 구 국회 의사당(아래)**

그림 15 **캔버라 호주 전쟁 기념관에서 본 안작 퍼레이드**

인슬리산 호주 전쟁 기념관 사이의 주축이다. 길이가 1.1km이고 3차선 도로다. 중앙에는 과립형 암석이 얹혀 있는 넓은 퍼레이드 그라운드가 있다.그림 15

호주 전쟁 기념관은 호주 연방과 관련한 전쟁과 분쟁에 참여했거나 순국한 사람들을 기리는 국립 기념관이다. 1928-1941년 사이에 지었다. 1999-2001년 기간에 개조했다. 신사, 갤러리, 연구 센터로 나뉘어 있다. 신사에는 무명 용사의 묘 등이 있다. 야외 조각 정원도 있다. 2004년 호주 전쟁 기념관, 안작 퍼레이드, 캠벨 등이 영연방 유산목록에 지정됐다.그림 16

캔버라는 구역, 도심, 공동체 중심지, 교외지역으로 나뉘어 있다. 구역은

그림 16 **캔버라의 호주 전쟁 기념관**

캔버라센트럴, 워든밸리, 벨커넨, 웨스턴크리크, 터게라농, 건갈린, 몰롱글로밸리의 일곱 구역으로 되어 있다. 1920년대 이후 일곱 구역 일부에 교외지역이 발달했다. 교외지역에는 상업과 사회 활동 중심지인 타운 센터가 있다.

시빅(Civic)은 캔버라의 도심이자 중심업무지구(CBD)다. Civic은 구역명이다. Civic Centre, City Centre, Canberra City라고도 한다. 공식 이름은 City다. 시빅 동쪽에 40ha 면적의 글리브 공원이 있다. 시빅의 보행자 전용 쇼핑몰인 City Walk에는 소매 쇼핑점과 야외 레스토랑이 있다. 1927년 이후 멜버른 빌딩, 호텔 시빅 등이 들어섰다. 1961년 완공된 시민 광장에는 지역 문화 단체가 입지했다. 1963년에 쇼핑몰 캔버라 센터가 개장했다. 1965년 캔버라 극장이 문을 열어 발레가 공연됐다. 1967년 세운 호주 준비 은행 빌딩은 2004년 영연방 유산목록에 등재됐다.

그림 17 **호주 캔버라의 세인트 존 침례교회**

그림 18 **주(駐) 호주 대한민국 대사관**

캔버라의 세인트 존 침례 교회는 세례 요한의 이름을 딴 성공회 교회다. 1845년에 봉헌됐다. 「도시의 성소」라 불린다. 작은 영국 마을 양식의 교회다. 호주 지도자와 왕족이 즐겨 찾는 교회다. 1930년대부터 지역 학교, 예술 단체가 주최하는 연례 커뮤니티 박람회가 교회 부지에서 열렸다.그림 17 블랙 산에 1980년 개통한 통신 타워 텔스트라 타워가 있다. 타워 높이는 195.2m다. 켄버라에 주(駐) 호주 대한민국 대사관이 있다. 대한민국과 호주의 외교 관계는 1961년에 수립됐다. 호주는 한국전쟁에 참전했다. 1999년과 2000년에 양국 정상이 각각 호주와 한국을 방문했다. 호주는 한국과 안보와 경제 분야에서 긴밀한 관계다.그림 18

그림 19 **호주의 하버 시티 시드니**

03 시드니

시드니는 뉴사우스웨일즈주의 주도다. 경제 문화 항구 도시다. 시드니 대도시권에는 12,367.7㎢ 면적에 2021년 기준으로 5,231,147명이 거주한다. 시드니의 별칭은 '에메랄드(Emerald) 시티', '하버(Harbour) 시티'다.그림 19

1788년 영국은 내무장관 토마스 타운센드, 시드니 자작 이름을 따서 이곳을 Sydney Cove(시드니 코브)라 명명했다. 원주민은 '와라네(Warrane)'라 했다. 1790년 공식적으로 「시드니」라고 불렀다. 1842년 시드니 마을은 시드니 도시로 바뀌었다. 원주민 카디갈족은 그들의 영토를 「가디(Gadi)」라고 했다. 시드니 대도시권에는 28개 원주민 씨족 마을이 있다.

시드니는 동쪽으로 태즈먼해, 서쪽으로 블루마운틴스, 남쪽으로 워로노나고원, 북쪽으로 혹스베리강으로 둘러싸여 있다. 시드니는 지리적으로 서쪽·남쪽의 컴벌랜드 평원과 북쪽의 혼스비고원으로 나뉜다. 도시가 성장하면서 남쪽의 평원이 개발되었다. 북쪽은 시드니 하버 브리지가 세워진 이후 발전했다. 시드니 시가지와 바다 사이에 녹지 공간이 충분히 확보되어 있다.그림 20

서쪽의 네피언강은 혹스베리강에 합류되어 브로큰만으로 흘러간다. 네피언강의 지류는 시드니 상수원이다. 파라마타강은 서부 교외지역을 통해 포트잭슨으로 이어진다. 남부의 조지강과 쿡스강은 보터니만으로 흘러간다.

변천과정

시드니에는 30,000년 전부터 원주민이 살았다. 해안가에 유어라족이, 내륙에 다루그족이, 보터니만에 다라왈족이 살았다. 시드니와 인근에서는 다르기눙어와 군둥구라어가 사용됐다.

1770년 4월 영국인 제임스 쿡이 보터니만에 상륙해 주변 지역을 탐험했다. 1783년 영국은 북아메리카 식민지를 잃었다. 영국은 호주 보터니만에 유배 식민지를 세우기로 했다. 이곳은 아시아 태평양 진출의 전초 기지로 목재

그림 20 **호주 시드니 시가지와 바다 사이의 녹지 공간**

그림 21 **호주의 시드니 코브 정착지 건설, 1788년 1월 26일**

와 아마섬유를 얻을 수 있는 장소였다.

1788년 11척의 영국 선단이 보터니만에 도착했다. 아서 필립 선장과 죄수 736명을 포함한 1천명 이상의 정착민이 탄 선단이었다. 이들은 정박하기 좋은 포트잭슨만으로 이동했다. 1788년 1월 26일 시드니 코브에 정착지를 세웠다. 1월 26일은 호주 국경일이 되었다.그림 21 1810-1821년에 매쿼리 총독은 시드니와 뉴사우스웨일즈를 개발했다. 은행을 설립하고 통화를 제정했다. 병원을 세웠다. 도로, 부두, 교회, 공공건물을 건설했다. 1811년 시드니 CBD와 파라마타를 연결하는 동서 간선도로 파라마타 로드(Parramatta

Road)가 개통됐다. 1815년 블루마운틴즈 관통 도로가 완공됐다. 그레이트디바이딩산맥 서쪽 목초지에서 방목과 농업이 가능하게 됐다. 1821년부터 뉴사우스웨일즈는 영국인의 이민을 장려했다. 1826-1840년 사이에 이민자가 들어왔다. 시드니에 정착했다. 1840년 뉴사우스웨일즈로의 죄수 이송은 중단되었다.

1842년 뉴사우스웨일즈는 준선거제를 실시했다. 1842년 시드니는 도시로 바뀌었다. 1851년 뉴사우스웨일즈주와 빅토리아주에서 금이 발견되어 골드 러시가 터졌다. 시드니는 이민자의 유입과 금 수출로 발전했다. 철도, 트램, 도로, 항구, 전신, 학교, 도시 하부구조가 구축됐다. 교외지역이 성장했다. 시드니 대학교(1854), 호주 박물관(1858), 시드니 중앙우체국(1866), 시청(1868)이 들어섰다.

1901년 호주의 6개 식민지가 연방으로 합쳐졌다. 시드니는 뉴사우스웨일즈주의 주도가 됐다. 1914년 제1차 세계 대전에 참전했다. 1918년 1차대전 참전용사를 위한 주거지가 데이시빌, 매트라빌 교외지역에 조성됐다. 1926년 시드니 인구가 1,000,000명을 넘어섰다. 제1차 세계대전 전후 시드니 철도가 전철화됐다. 1932년 시드니 하버 브리지가 건설됐다. 1939년 제2차 세계대전에 참전했다. 시드니는 1942년 5월과 6월에 일본군 잠수함의 공격을 받았다. 제2차 세계대전 전후 이민과 베이비붐으로 시드니 인구가 급증했다. 컴벌랜드 평원 교외지역에 저밀도 주택단지가 세워졌다. 파라마타, 뱅크스타운, 리버풀의 구(舊) 주거단지는 도심의 교외 단지로 변모했다. 시드니에 제조업, 소매업, 서비스업이 활성화됐다. 1954년에 엘리자베스 2세 여왕이 방문했다. 1950년대 고층건물이 늘어났다. 그린벨트 너머의 교외지역이 개발되자 환경 문제가 제기됐다. 연방, 주, 지역 정부는 환경을 중시하는 다양한 문화유산지역을 지정했다. 환경 관련 법률도 제정했다. 1973년 시드니 오페라 하우스가 완공됐다. 1974년부터 시드니는 국내 제조업 중심지에서 국내외를 상대로 금융, 상업, 문화, 교육 서비스를 제공하는 세계도시로 발돋움했다. 1980년대 이후 중국, 인도, 영국, 베트남, 필리핀에서 이민자가 다수 유입됐다. 2000년에 하계 올림픽이 개최됐다.

생활양식

시드니는 1920년대부터 1961년까지 제조업이 전체 고용의 39%를 점유했다. 2011년에는 8.5%로 줄었다. 오늘날 시드니에서는 금융, 보험, 전문 서비스, 제조, 관광, 창조 기술 산업이 강하다. 2013년에 2,800,000명의 해외 방문객이 들어왔다.

2021년 기준으로 시드니 거주자의 46%가 기독교도다. 가톨릭이 23.1%, 성공회가 9.2%다. 시드니의 세인트 메리 대성당은 1821년에 세워진 가톨릭 성당이다. 1868년에 다시 지었다. 2004년 뉴사우스웨일즈 유산목록에 등재됐다. 크라이스트 처치 세인트 로렌스는 성공회 교회다. 1838년에 본당이 1845년에 교회 건물이 지어졌다. 1999년 뉴사우스웨일즈 유산목록에 등재됐다.그림 22 1826년에 뉴사우스웨일즈 주립 도서관이, 1827년에 호주 박물관이, 1991년에 현대 미술관이 문을 열었다. 시드니 페스티벌, 비엔날레 오브 시드니, 시드니 영화제, 호주 패션 위크 등이 열린다.

1840-1930년 사이에 시드니 이민자는 영국인, 아일랜드인, 중국인이 대다수였다. 2021년 기준으로 인구 구성은 영국 21.8%, 호주 20.4%, 중국

그림 22 **호주 시드니의 세인트 메리 대성당과 크라이스트 처치 세인트 로렌스**

11.6%, 아일랜드 7.2%, 스코틀랜드 5.6%, 인도 4.9%, 이탈리아 4.3% 등이다. 그리고 레바논, 필리핀, 그리스, 베트남, 독일, 한국, 네팔, 원주민, 말티즈에서 들어왔다. 시드니 인구의 40.5%가 해외에서 태어났다고 조사됐다. 집에서는 42%가 영어 이외의 언어를 사용한다. 북경어, 아랍어, 광둥어, 베트남어, 힌디어 사용 가정이 1-5%다.

도시 구조

대도시권은 중심도시(Central City)와 교외지역(Suburbs)으로 구성된다. 시드니 대도시권은 본다이비치부터 에뮤플레인즈까지 동서로 70km, 팜비치부터 워터펄까지 남북으로 88km다. 시드니의 중심도시는 「도시」라 표현한다. 교외지역은 「교외」, 「지역」이라 말한다. 시드니 교외지역은 동부 교외, 서부 교외, 남부 교외, 북부 교외, 블루 마운틴이 있다. 1881년 파라마타 다리가, 1932년 시드니 하버 브리지가 건설되면서 교외화가 가속화됐다. 제2차 세계대전 이후 참전군인 정착지가 교외지역에 세워졌다.

시드니 중앙 비즈니스 지구(Central Business District, CBD)는 시드니의 역사적 상업 중심지다. 시드니 CBD는 도심, Sydney City, The City, City, Town이라고도 한다. 1788년 세워진 정착지 시드니 코브에서 남쪽으로 3km로 뻗어 있다. 2.8㎢ 면적에 2021년 기준으로 16,667명이 거주한다. CBD는 하이드 파크, 왕립 식물원, 도메인 공원으로 둘러싸여 있다. 시드니 CBD는 호주의 금융 경제 중심지다. 호주 GDP의 1/4를 점유한다. 이곳의 금융 보험 산업은 시드니 경제 생산의 43%를 차지한다. 호주에 있는 외국 은행과 다국적 기업

그림 23 **호주 시드니의 중심업무지구 CBD**

그림 24 **호주 시드니 중심업무지구의 주변지역과 오페라 하우스**

지역 본사의 대다수가 입지해 있다. 피트 스트리트에는 대형 고급 소매점이 있다. 조디 스트리트에는 경전철이 다닌다. 요크 스트리트에는 빅토리아 시대 건축물이 있다. 월드 스퀘어에는 고층 빌딩이 세워져 있다. 지하철역이 6개 있다. 시드니 시청과 뉴사우스웨일즈 미술관이 있다.그림 23, 24

시드니 타워는 전망대다. AMP 타워, 센터포인트 타워, 웨스트필드 타워, Flower Tower, Big Poke로도 불린다. 시드니 CBD의 피트 스트리트와 마켓 스트리트의 교차점에 있다. 1970-1981년 기간에 완성했다. 안테나 첨탑 높이는 309m다. 279m 높이에 최상층 스카이워크가 있다. 250m 높이에 있는 시드니 타워 아이(Eye) 전망대에서는 360°로 도시와 주변 지역을 볼 수 있다. 1960-2014년 기간 웨스트필드 쇼핑 센터가 전망대 아래 쪽에서 운영됐다.그림 25

달링 하버는 시드니 CBD 서쪽에 있는 항구, 보행자, 관광 지구다. 동쪽으로 킹 스트리트 워프까지, 서쪽으로 피어몬트까지, 북쪽으로 코클 베이까지 뻗어 있다. 이 곳은 롱 코브, 코클 베이로 불렸다. 1826년 랄프 달링(Darling) 총독의 이름을 따서 달링 하버라 명명했다. 1902년 시드니 CBD와 피어몬트

그림 25 **호주 시드니 타워의 외부 경관과 포탑**

를 잇는 자동차 도로 피어몬트 브리지가 개통됐다. 1981년 보행자와 자전거 전용 도로로 바뀌었다. 피어몬트 브리지는 2002년 뉴사우스웨일즈 유산목록에 등재됐다. 철도와 화물 센터 부지였던 달링 하버는 1984년 보행자 관광 지구로 재개발되었다. 뉴사우스웨일즈 200주년 기념사업의 일환이었다. 호주 국립해양박물관, 시드니 수족관, 국제컨벤션센터, 페스티벌 마켓 플레이스가 있다.그림 26

시드니 오페라 하우스는 다중 공연 예술 센터다. 덴마크 건축가 예른 웃손이 설계했다. 호주 건축 팀이 완성했다. 1959년 착공했다. 1973년 엘리자베스 2세 여왕이 개장했다. 시드니 코브, 시드니 하버 브리지에 인접해

그림 26 **호주 시드니 달링 하버와 주변지역**

있다. 연간 1,500회 이상의 공연이 진행된다. 2003년 뉴사우스웨일즈 유산목록에, 2005년 호주 국가유산목록에, 2007년 유네스코 세계문화유산에 등재됐다. 표현주의 디자인 건물이다. 건물 면적은 1.8ha다. 해수면 아래 25m까지 가라앉은 588개의 콘크리트 교각이 지지한다. 가장 높은 지붕 지점은 해발 67m다. 지붕은 2,194개의 프리캐스트 콘크리트 섹션으로 구성되어 있다. 각 섹션의 무게는 최대 15톤이다. 지붕 구조는 「쉘」 모양이다. 프리캐스트 콘크리트 리브로 지지되는 프리캐스트 콘크리트 패널이다. 껍질은 광택이 나는 흰색과 무광택 크림 색상이다. 1,056,006개의 타일로 구성된 셰브론 패턴이다. 무대 타워까지는 높이 올라간다. 건물 외부는 대부분 분홍색 화강암으로 구성된 골재 패널이다.그림 27

그림 27 **호주 시드니 오페라 하우스의 외부 경관**

그림 28 **호주 시드니 오페라 하우스의 내부와 오르간**

건물 내부는 오프폼 콘크리트, 호주 백작나무 합판, 브러시 박스 집성재로 꾸며졌다. 콘서트 홀은 2,679석 규모다. 시드니 심포니 오케스트라가 활동한다. 시드니 오페라 하우스 그랜드 오르간이 있다. 오르간은 10,000개 이상의 파이프가 있는 기계식 트래커 액션 오르간이다. 조안 서덜랜드 극장은 프로시니엄 극장이다. 오페라 오스트레일리아, 오스트레일리아 발레가 활동한다. 드라마 극장은 544석 규모의 프로시니엄 극장이다. 시드니 극단과 무용 연극 진행자가 사용한다. 플레이하우스는 398석 규모의 비프로시니엄 엔드 스테이지 극장이다. 그리고 280개 규모의 좌석이 있는 스튜디오, 소규모 공연이 열리는 웃손 룸, 야외 앞마당이 있다.그림 28

그림 29 **호주 시드니 하버 브리지의 낮과 밤**

시드니 하버 브리지는 강철 관통 아치형 다리다. 사드니 CBD에서 노스 쇼어까지 연결된다. 다리의 남쪽 끝은 더 록스의 도스 포인트다. 북쪽 끝은 노스 쇼어의 밀슨스 포인트다. Sydney Harbour Bridge는 아치형 디자인으로「옷걸이」라는 별명이 붙었다. 1923-1932년 기간에 완성했다. 총 길이 1,149m, 너비 48.8m, 높이 134m, 가장 긴 스팬 503m다. 차량, 보행자, 자전거 도로와 철도 노선이 지나간다. 아치는 두 개의 28패널 아치 트러스로 구성되어 있다. 아치의 양쪽 끝에는 높이 89m의 콘크리트 철탑 한 쌍이 있다. 남동쪽 철탑에는 박물관과 관광 센터가 있다. 상단에는 360° 전망대가 있다. 1999년 뉴사우스웨일즈 유산목록에, 2007년 호주 국가유산목록에 등재됐다.그림 29

그림 30 **호주의 시드니 오페라 하우스와 시드니 하버 브리지**

그림 31 오페라하우스, CBD, 서큘러키, 하버브리지, 파라마타강, 노스시드니, 키리빌리

시드니 오페라 하우스와 시드니 하버 브리지는 시드니의 상징이다. 매년 1월 1일 0시에 오페라 하우스, 하버 브리지, 달링 하버 주변에서 새해맞이 불꽃놀이가 벌어진다. 매년 9월에 마라톤 대회가 개최된다. 2007년 하버 브리지 완공 75주년인 다이아몬드 기념일에 걷기 행사 등이 열렸다.그림 30

하버 브리지가 놓이면서 오페라하우스, 시드니 CBD, 서큘러 키, 하버 브리지, 파라마타강, 노스 시드니, 키리빌리 지역이 연계됐다. 서큘러 키는 시드니 CBD 북쪽 가장자리에 있다. 베네롱 포인트와 더 록스 사이이다. 국제 여객 운송 항구다. 시드니 항을 횡단하는 페리 승강장이 있다. 「시드니로 가는 관문」이라 불린다. 산책로, 쇼핑몰, 공원, 레스토랑이 있다. 평균 깊이 5.1m인 파라마타강은 태즈먼해로 흘러 들어간다. 노스 시드니는 로어 노스 쇼어에 있는 교외다. 상업 지구다. 시드니 CBD에서 북쪽으로 3km 떨어져 있다. 키리빌리는 부유한 곳이다. 노스 시드니 의회가 관리한다. 키리빌리 하우스는 호주 수상의 공식 관저 중 하나다.그림 31

그림 32 **호주 파라마타의 빅토리아 시대 정자와 100주년 기념 시계**

파라마타는 그레이터 웨스턴 시드니 경제 중심지다. 시드니 CBD에서 서쪽으로 24km 떨어져 있다. 줄여서 Parra(파라)라 한다. 5.3㎢ 면적에 2021년 기준으로 30,211명이 거주한다. 파라마타강이 파라마타 CBD를 통과해 「강의 도시」라 불린다. 이곳에 살던 원주민 다루그족은 이 지역을 Burramatta라 했다. 이는 Burra(뱀장어)와 matta(장소)의 합성어다. 영어로 Parramatta로 표기됐다. 1788년 영국이 파라마타를 세웠다. 1820년 총독 관저가 건립됐다. 1797년 성공회 세인트 존 대성당이, 1837년 가톨릭 세인트 패트릭 대성당이 세워졌다. 1837년에 세운 프린스 알프레드 광장에는 빅토리아 시대 정자가 있다. 광장은 2017년 뉴사우스웨일즈 유산목록에 등재됐다. 1858년 파라마타 공원이 조성됐다. 2003년 뉴사우스웨일즈 경찰청이 파라마타로 이전했다. 파라마타는 시드니 서부 경제 중심지다. 파라마타 광장에 시민센터, 문화예술센터, 오피스 빌딩, 은행이 들어서 있다. 1888년에 식민지 100주년을 기념해 「100주년 광장」을 조성했다. 광장에 빅토리아 시대의 시계와 식수대를 만들었다. 광장과 인접건물은 1999년 뉴사우스웨일즈 지방정부 유산목록에 등재됐다. 파라마타 거주자의 연령대는 젊다. 평균 연령이 31세다. 웨스트필드 파라마타 쇼핑몰, 처치 스트리트 레스토랑, 강변 공원, 자전거 도로, 강변 극장이 있다. 철도, 버스, 페리가 있어 교통이 편리하다. 파라마타 거주자의 출신은 인도, 호주, 중국, 필리핀, 한국, 네팔 등으로 다양하다.그림 32

그림 33 **호주 시드니 교외의 본다이 비치**

본다이 비치는 시드니 교외다. 넓은 해변이 있다. 시드니 CBD에서 동쪽으로 7km 떨어져 있다. 1.22㎢ 면적에 2016년 기준으로 11,656명이 거주한다. Bondi는 surf라는 뜻의 원주민어 Boondi에서 유래했다. '파도 타기', '파도가 해변에 부서지는 소리'라는 뜻이다. 1851년에 본다이 비치의 해변 기능이 확인됐다. 1899년부터 Bondi를 「본다이」로 말하기 시작했다. 1882년 본다이 비치가 공공 해변으로 지정됐다. 1884년 트램웨이가 놓였다. 1903년 서핑 목욕 시설이 갖춰졌다. 1938년 큰 파도로 익사 사고가 있었다. 1960년대에 하수 처리장이 세워졌다. 1990년대에 심해 해양 배출구가 마련됐다. 본다이 비치는 2008년 호주 국가유산목록에 등재됐다. 그림 33

그림 34 **호주 멜버른과 야라강**

04 멜버른

멜버른은 빅토리아주의 주도다. City of Melbourne(멜버른 시)에는 37.7㎢ 면적에 2021년 기준으로 149,615명이 산다. 멜버른 대도시권에는 9,993㎢ 면적에 4,917,750명이 거주한다. 멜버른 대도시권은 멜버른 시를 포함해 31개 지자체로 구성되어 있다. 일반적으로 멜버른은 멜버른 대도시권을 말한다. 멜버른은 경제 문화 도시다. 공원이 많아 「정원의 도시」라 불린다. 멜버른은 「문학의 도시」로 평가됐다. 1956년 하계 올림픽을 주최했다. 멜버른은 캔버라에서 465km, 시드니에서 713km 떨어져 있다.그림 34

Melbourne이란 명칭은 1837년 당시 영국 총리였던 윌리엄 램, 멜버른 자작의 이름을 따서 「멜버른」이라 명명됐다.

이곳에 쿨린 국가가 있었다. 부누롱, 와타우롱, 우룬제리족 등의 원주민이 살았다. 1803년 포트 필립에 형벌 정착지가 건설됐다. 정착단을 지휘한 아서 필립의 이름을 따서 필립이라고 명명했다. 1835년 현재 멜버른 이민 박물관 땅에 정착지를 세웠다. 1837년 왕관 정착지로 편입됐다. 1842년부터 도시 기능을 수행했다. 도시계획이 시작됐다. 1847년 도시로 바뀌었다. 1851년 빅토리아 식민지의 수도가 됐다. 같은 해 멜버른 서쪽 밸러랫에서 금광이 발견되어 골드러시가 일어났다. 차이나타운과 야라강 남쪽 기슭에 임시 「텐트 도시」가 마련됐다. 경제적 부의 힘으로 공공 건물이 들어서면서 대도시로

그림 35 **호주 멜버른 시의 스카이라인**

성장했다. 19세기 말 금 산출량이 감소했다. 농산물 가공을 비롯한 제조업이 발전했다. 1880년대에 크게 성장했다. 1887년 수력시설이 건설됐다. 1901-1927년 기간 동안 멜버른은 호주 연방의 수도였다. 중심업무지구(CBD)의 높이 제한은 1958년 ICI House가 건설된 후 해제되었다. 높이 81m, 20층 사무실 건물이다. 명칭이 오리카 하우스로 바뀌었다. 교외 확장이 심화됐다. 1969년 자동차 중심의 멜버른으로 변화됐다. 1990년대 국제 투자와 재개발이 진행됐다. 공항, 철도, 고속도로, 도시 트램의 교통 네트워크가 구축됐다.

멜버른 시는 멜버른 중심 도시다. 야라강이 흐른다. 1835년 영국인 정착지로 설립됐다. 1842년 「타운」으로 편입됐다. 1847년 도시로 승격했다. 성공회 멜버른 교구로 지정됐다. 주변 교외 지역이 조성됐다. 칼튼, 도클랜즈, 이스트 멜버른, 노스 멜버른, 포트 멜버른, 웨스트 멜버른 등 10여 개의 교외가 조성되어 있다. 일부 교외는 다른 도시와 교외 지역 기능을 공유한다.그림 35

멜버른 중심업무지구인 Central Business District는 The CBD, CBD, The City로 표기한다. 멜버른 호들 그리드의 중심이다. Hoddle Grid는 1837년 계획한 도시 중심 거리의 직사각형 그리드다. 폭은 30m, 블록은 4.0ha로 201m×201m, 길이는 1.6km, 너비는 0.80km다. CBD 구역은 호들 그리드, 퀸 빅토리아 마켓, 프린더스 스트리트와 야라강 사이, 그리고 북쪽의 평행한 거리를 포함한다고 설명한다.그림 36

그림 36 **호주 멜버른의 중심업무지구 CBD**

그림 37 **호주 멜버른의 「오스트레일리아 108 빌딩」과 「유레카 타워」**

멜버른에는 758개 고층 건물이 있다. 73개 건물은 초고층 빌딩이다. 2020년에 세운 높이 316.7m 100층 아파드 「오스트레일리아 108 빌딩」이 가장 높다. 2006년에 건축한 297.3m 91층 아파트 「유레카 타워」가 쌍벽을 이룬다. 멜버른 CBD, 서쪽 금융 지구, 동쪽 쇼핑 지역에 고층 건물이 많다. 칼튼, 도크랜드, 사우스뱅크, 사우스 멜버른, 사우스 야라, 세인트 킬다 로드에도 고층 빌딩이 있다.그림 37

CBD는 경제 중앙활동 중심지다. 호주 뉴질랜드 뱅킹 그룹과 국립 호주 은행, 통신기업 텔스트라가 있다. 광산업으로 1873년에 세운 리오 틴토와 1885년에 설립한 BHP의 본사가 있다. 물류업으로 1888년 창립한 톨그룹과 1996년 문을 연 트랜스어반이 있다. CBD는 멜버른 대도시권의 중앙활동

그림 38 **호주 멜버른 시청과 빅토리아 주립 도서관**

지(CAD)다. 멜버른 시청, 빅토리아 주립 도서관, 페더레이션 광장, 빅토리아 주의회, 빅토리아 대법원, 멜버른 수족관이 있다. 멜버른 대도시와 빅토리아 지역 여객 철도 네트워크의 종착역이 있다. 1854년에 플린더스 스트리트 기차역이 개통됐다. CBD에서 1901년 호주 정부 출범, 1956년 하계 올림픽, 1981년 영연방 정부 수반 회의, 1995년 세계 경찰 소방 대회, 2000년 세계 경제 포럼, 2006년 영연방 게임, 2015 크리켓 월드컵, G20 각료회의, 2020 T20 월드컵 등의 행사가 열렸다.

멜버른 시청은 1867년 건립됐다. 멜버른 시의 지방 자치 단체 소재지다. 콘서트, 연극, 전시회 등 다양한 용도로 사용된다. 빅토리아 주립 도서관은 1854년 멜버른 공립 도서관으로 세웠다. 방문자로 붐비는 도서관이다. 도서관의 컬렉션은 400만 개가 넘는다. 책, 원고, 그림, 지도, 사진, 신문, 멜버른 설립자의 일기, 빅토리아 자료, 제임스 쿡 선장의 갑옷이 보관되어 있다.그림 38

페더레이션 광장은 예술, 문화, 공공 행사가 이뤄지는 장소다. 면적 3.2ha다. 건물 단지는 서쪽을 향한 야외 광장을 중심으로 U자형이다. 메인 광장은 서호주에서 가져온 470,000개의 황토색 사암 블록으로 포장되어 있다. 광장에 20,000점 이상의 호주 미술품이 있는 이안 포터 센터가 있다. 2002년에 세운 호주 동영상 센터는 호주 국립 영화, 텔레비전, 비디오 게임, 예술 작품이 소장된 박물관이다. 2021년 재개관했다. 쿠리 헤리티지 트러스트는 원주민 비영리 문화 단체다. 1985년 문을 열었다. 그림, 공예품, 책, 비디오, 사진 등 100,000점 이상의 항목이 소장되어 있다. 페더레이션 광장의 대형 스크린은 공개 행사에 사용된다.

플린더스 스트리트 기차역은 빅토리아 동부와 전체 메트로폴리탄 철도 네트워크와 연결된다. 1909년에 완공된 본관은 멜버른의 문화적 랜드마크다. 돔, 아치형 입구, 탑, 시계가 있는 스타일은 웅장하고 이국적인 디자인으로 평가받는다. 정문 위의 시계는 멜버른에서 "I'll meet you under the clocks"이라 말할 때 등장하는 시계다. 플린더스 스트리트 기차역은 1982년 빅토리아 유산등록부에 등재됐다.그림 39

CBD와 주변 지역은 문화 중심지다. 호들 그리드에 프린세스 극장, 리젠트 극장 등 역사적인 극장이 있다. 동쪽 공원에 시드니 마이어 뮤직 볼이 있다. 북동쪽에 왕립 전시관, 칼튼 정원, 멜버른 박물관이 있다. 남쪽에 멜버른 컨벤션, 전시 센터, 멜버른 예술 센터, 빅토리아 국립 미술관, 아트 센터 멜버른, 멜버른 리사이틀 센터가 있다. 1973년 시작한 여행 가이드북 『*Lonely*

Planet』 본사가 있다. 연방 광장 예술 단지에는 호주 동영상 센터, 호주 미술관, 쿠리 헤리티지 트러스트가 있다. 골목길에서 거리 예술이 이뤄진다.

왕립전시관은 1880년에 세웠다. 면적 26ha, 길이 150m다. 1880년 멜버른 국제 박람회와 1888년 멜버른 100주년 박람회의 두 개 국제 전시회를 개최했다. 1901년 1월 1일 호주 연방이 출범한 후 1901년 5월 9일 호주 최초의 연방 의회가 이 건물에서 열렸다. 1902년 호주 연방 국제 박람회를 개최했다. 1988-2014년 기간에 멜버른 아트 페어가 열렸다. 오늘날은 CBD 남쪽 사우스뱅크에 있는 멜버른 컨벤션 전시 센터에서 전시 기능을 담당한다. 1996년에 개관한 멜버른 컨벤션 전시센터는 2018년에 확장했다. 2004년 왕립전시관과 칼튼 정원이 호주에서 처음으로 유네스코 세계문화유산에 등재됐다.그림 40

그림 39 **호주 멜버른의 플린더스 스트리트 기차역과 정문 시계**

그림 40 **호주 멜버른의 왕립전시관**

멜버른 CBD에는 많은 골목길과 아케이드가 있다. '차도(lane)'라고 표현하나 좁은 보행자 도로다. 카페와 바가 있고, 거리 예술이 이뤄진다. 1837년 호들 그리드를 계획할 때부터 조성됐다. 1850년대 골드러시까지 멜버른에는 100개가 넘는 골목길이 있었다. 쇼핑 아케이드는 빅토리아 시대 후기 부유함의 절정이었다. 1990년대 이후 멜버른의 골목길은 대부분 보행자 전용 도로가 되었다. 젠트리피케이션을 겪었다. 호시어 레인, 랭킨스 레인, 유니온 레인, ACDC 레인, 칼레도니아 레인, 하드웨어 레인, 크로프트 앨리, 블록 아케이드, 대성당 아케이드, 로얄 아케이드, 다그레이브스 스트리트 등이 있다. CBD의 남쪽 가장자리에 있는 호시어 레인은 1990년대 후반부터 거

그림 41 **호주 멜버른의 골목길 갤러리 호시어 레인**

리 예술의 핫스팟이다. 「골목길 갤러리(laneway gallery)」라고 불린다. 2004년부터 골목길에서 시작된 「세인트 제롬 레인웨이 페스티벌」은 인디, 인디팝, 록 등이 공연되는 대중음악 축제다.그림 41

그림 42 **호주 멜버른의 세인트 폴 대성당과 성 패트릭 대성당**

세인트 폴 대성당은 성공회 성당이다. 영국 고딕 복고 양식 건축이다. 세인트 폴 대성당은 1835년 멜버른에서 처음으로 공적인 기독교 예배가 거행되었던 자리에 세워졌다. 1891년 완공됐다. 1926-1932년 사이에 첨탑을 올렸다.그림 42

성 패트릭 대성당은 가톨릭 성당이다. 1897년 봉헌됐고 1939년 개축했다. 길이 103.6m다. 본당, 트랜 셉트, 7개의 예배당이 있는 라틴 십자가 스타일로 세웠다. 그리스도의 부활에 대한 믿음을 상징하는 제단이 동서 축 위에 있다. 1974년 교황 바오로 6세는 이곳에 작은 바실리카의 칭호와 위엄을 부여했다. 1986년 교황 요한 바오로 2세는 교황 방문 기간 동안 성당에서 성직자들에게 연설했다.그림 42

그림 43 **호주 멜버른의 국회의사당**

국회의사당은 빅토리아 의회가 모이는 장소다. 호들 그리드 가장자리 스프링 거리에 있다. 신고전주의 양식이다. 콜로네이드 전면이다. 1855-1856년 기간에 세웠다. 오랜 기간에 회의실, 도서관, 동관, 퀸즈 홀, 현관, 정면 계단이 있는 콜로네이드, 다과실 등이 지어졌다. 1901-1927년 사이에 호주 의회의 회의 장소로 사용되었다. 멜버른이 호주 임시 국가 수도였을 때였다. 1982년 빅토리아 유산목록에 등재되었다. 2005-2006년에 개관 150주년을 기념했다.그림 43

그림 44 **호주 멜버른 크리켓 구장**

크리켓은 16세기 영국 남동부에서 시작해 18세기 영국 국기로 지정된 구기 스포츠다. 11명 선수로 구성된 두 팀이 진행한다. 공격과 수비를 번갈아 가며 공을 배트로 쳐 득점으로 승부를 내는 배트 앤 볼 게임이다. 영연방 지역에서 럭비와 함께 즐기는 스포츠다. 멜버른 크리켓 구장은 1853년에 문을 열었다. 1956년 하계 올림픽, 2006년 영연방 경기 대회, 1992년과 2015년의 크리켓 월드컵 경기장으로 사용됐다. 축구, 럭비 스포츠 행사도 주최됐다. 콘서트, 문화 행사, 1959년 빌리 그레함 전도 집회도 열렸다. 빅토리아 유산 등록부에 등재됐다. 2005년 호주 국가유산목록에 등재됐다.그림 44

그림 45 **호주 멜버른의 도크랜드**

도크랜드는 멜버른 CBD에서 서쪽으로 2km 떨어진 야라강 유역이다. 3㎢ 면적에 2021년 기준으로 15,495명이 거주한다. 원래 늪지대였다. 1990년대 후반 이후 도크랜드 스타디움, 아파트, 은행, 외국 기업, 텔레비전 네트워크, 서던 크로스 기차역, 멜버른 스타 관람차 등이 들어섰다. 배트맨, 콜린스, 경기장 구역, 디지털 하버, 빅토리아 항구, 뉴퀘이, 야라 가장자리, 워터프론트 시티, 센트럴 시티 스튜디오 등의 구역으로 나뉘어 개발됐다.그림 45

멜버른은 포트필립만 북쪽 해안 야라강의 저지와 구릉지에 발달했다. 포트필립만은 대형선박이 들어갈 수 있다. 기후가 온화하다. 멜버른 동쪽은 야라강의 야라 밸리를 지나 북동쪽으로 향한다. 멜버른 CBD에서 40km 떨어진 휘틀시까지 확장되어 있다. 남동쪽은 단데농을 거쳐 53km 떨어진 파켄햄에 이른다. 남쪽은 41km 떨어진 프랭스턴을 통과해 모닝턴 반도까지 뻗어 있다. 북쪽은 마리비농강을 따라 북서쪽으로 36km 떨어진 선베리와 마케도니아 산맥 기슭에 다다른다. 서쪽은 화산 평원 지대를 따라 35km 떨어진 멜톤을 지난다. 남서쪽으로 32km 떨어진 웨리비에 이른다.그림 46

질롱은 멜버른에서 남서쪽으로 65km 떨어진 항구 도시다. 1,329㎢ 면적에 2020년 기준으로 264,866명이 거주한다. 질롱은 '땅', '절벽', '땅이나 반도의 혀'를 뜻한다. 빅토리아 서부로 가는 관문 도시다. 그레이터 질롱 시는 뉴캐슬, 울릉공과 관문 도시 연합을 이룬다. 1838년에 설립됐다. 1840년에 마

그림 46 **호주의 멜버른 대도시 지역**

을 우체국이 문을 열었다. 양모 산업 항구로 시작했다. 1860년대 양모, 로프, 제지 공장이 활성화됐다. 1910년 도시가 됐다. 제조업에서 서비스 산업으로 변화했다. 1990년대 이후 도심 재개발과 교외 지역의 젠트리피케이션이 진행됐다. 오늘날은 의료, 교육, 첨단 제조 산업 지역으로 발전했다. 질롱만에서는 항해와 요트 행사가 열린다. 축구, 농구, 경마, 스케이트 골프, 수상 스키, 조정, 낚시, 하이킹, 경주 등 각종 스포츠 행사가 개최된다.그림 47

그림 47 호주 멜버른 질롱과 로얄 질롱의 요트 클럽

그림 48 호주 브리즈번과 브리즈번강

05 브리즈번과 골드 코스트

브리즈번

브리즈번은 퀸즐랜드의 주도다. 15,842㎢ 면적에 2021년 기준으로 2,582,007명이 거주한다. 1825년 설립됐다. 1859년 퀸즐랜드 주도가 됐다. 19세기 말까지 항구 도시로, 이민자의 중심지로 성장했다. 제2차 세계대전 동안 남서태평양 연합군 사령부의 본부였다. 오늘날은 의학과 생명공학 연구 중심지로 발전했다. 철도, 버스, 페리, 공항 교통 네트워크가 갖춰져 있다. 1982년 영연방 경기 대회, 세계 엑스포 88, 2014년 G20 정상 회담을 개최했다. 시드니에서 북쪽으로 910km, 캔버라에서 북동쪽으로 945km, 멜버른에서 북동쪽으로 1,374km 떨어져 있다.그림 48

브리즈번강은 1821-1825년까지 뉴사우스웨일스 총독이었던 토마스 브리즈번 경의 이름을 따서 지었다. 브리즈번강에서 도시 이름「브리즈번」이 나왔다. 고대 영어 ban은 '뼈'라는 뜻이다. 브리즈번의 별칭은 '여왕의 도시', 'River City'다.

그림 49 **호주 브리즈번 시청**

브리즈번 시청은 브리즈번의 랜드마크다. 1978년 국보 등기부에 등재됐다. 1992년 퀸즐랜드 유산등기부에 등재됐다. 왕실 리셉션, 미인 대회, 오케스트라 콘서트, 시니어 크리스마스 콘서트, 플라워 쇼, 학교 졸업식, 정치 회의장으로 사용된다.그림 49 시청 옆에 킹 조지 광장이 있다. 1936년 조지 5세가 사망한 후 그를 기리기 위해 지은 이름이다. 조지 5세의 조각상과 황동 사자상이 있다. 「Speakers' Corner」구역에는 퀸즐랜드의 지도자 동상이 있다. 2004년 브리스번 유산등기부에 등재됐다.

그림 50 호주 브리즈번 CBD의 골든 트라이앵글 금융 지구

그림 51 **호주 브리즈번의 사우스 뱅크 파크랜드 스트리트 비치와 리버워크**

브리즈번 경제는 광업, 은행, 보험, 운송, 정보 기술, 부동산, 식품 비즈니스가 활성화되어 있다. 브리즈번 CBD에 호주의 주요 기업과 국제 기업의 브리즈번 지사가 입지해 있다. CBD의 이글 스트리트 부두를 둘러싼 골든 트라이앵글 금융 지구에 경제 활동이 집중되어 있다.그림 50 브리즈번 항구에서는 컨테이너 화물, 설탕, 곡물, 석탄을 수출한다. 브리즈번강 하류와 브리즈번 주변에서는 석유 정제, 하역, 제지, 금속 가공 산업이 이뤄진다. 2019년에 269.6m 90층의 주거용 브리즈번 스카이타워를 세웠다.

사우스 뱅크 파크랜드는 브리즈번강의 남쪽 둑의 사우스 뱅크에 있다. 파크랜드에는 강변 산책로, 스트리트 비치, 그랜드 아버, 택배 광장, 네팔 평화의 탑, 휠 오브 브리즈번, 분수. 퀸즐랜드 컨서버토리엄이 있다. 정기적으로 대규모 축제와 행사가 열린다. 브리즈번 리버워크(Riverwalk)는 브리즈번 강 유역을 따라 강 위에 설치된 수상 산책로다. 2011년 홍수로 수백 미터 길이의 구조물이 떨어져 하류로 떠내려갔다. 플로팅 보드워크에 고정 구조물을 설치했다. 2014년에 복원 완료했다.그림 51

그림 52 **호주 브리즈번 랑 파크 선콥 스타디움의 럭비 경기와 골프 클럽**

브리즈번은 커먼웰스 게임, 럭비 월드컵, 크리켓 월드컵, 럭비 리그 월드컵 등 스포츠 행사를 주최했다. 브리즈번이 선호하는 체육 경기는 럭비다. 랑 파크(Lang Park) 선콥 스타디움은 브리즈번 밀턴 교외지역에 있는 다목적 경기장이다. 브리즈번 풋볼 스타디움으로도 알려져 있다. 136m×82m의 직사각형 스포츠 경기장이다. 52,500명을 수용할 수 있다. 럭비, 축구 경기 등이 열린다. 1914년에 설립됐다. 초기에는 자전거 타기와 각종 운동 스포츠가 진행됐다. 1957년 브리즈번 럭비 리그가 인수했다. 2008년과 2017년 럭비 리그 월드컵 결승전을 개최했다. 2021 내셔널 럭비 리그 그랜드 파이널, 럭비 월드컵 준준결승, 두 차례의 슈퍼 럭비 그랜드 파이널이 열렸다. 브리즈번에는 수많은 골프 클럽 코스가 있다.그림 52

골드 코스트

골드 코스트는 브리즈번에서 남동쪽으로 66km 떨어진 해안 도시다. 414.3㎢ 면적에 2021년 기준으로 640,778명이 거주한다. 골드 코스트 도시 지역은 70km에 걸쳐 뻗어 있는 해안선을 따라 발달되어 있다. 골드 코스트는 네랑 강 유역에 입지해 있다. 골드 코스트는 아열대 기후다. 2018 커먼웰스 게임을 개최했다.그림 53

그림 53 **호주 골드 코스트**

그림 54 호주 골드 코스트의 시가지, 네랑강, 하이웨이, 지링크

골드 코스트에는 유감배 씨족이 살았었다. 1823년 유럽인이 들어왔다. 1875년 네랑강 상류에 사우스포트 정착지가 세워졌다. 1920년대 후반 서퍼스 파라다이스가 개발됐다. 부동산, 상품, 서비스의 가치가 높아지면서 「황금 해안 Gold Coast」라는 별명이 생겼다. 1949년 골드 코스트 해안 스트립은 단일한 행정 체재 아래 관리되었다. 1958년 사우스 코스트 타운이 골드 코스트 타운으로 이름이 바뀌었다. 1959년 도시가 되었다. 1980년대 관광지로 붐을 이루었다. 1994년 시역이 확장됐다. 시민들은 영국인 29.3%, 호주인 22.5%, 아일랜드인 8.2%, 스코틀랜드인 7.5% 등 영연방 출신이 다수다.

골드 코스트는 절반이 숲이다. 열대우림의 원시림, 맹그로브 섬, 해안 황야, 유칼립투스 숲으로 덮여 있다. 1950년대와 1960년대에 조성된 소나무 조림지도 있다.

골드 코스트 시가지와 하이웨이 사이를 네랑강이 흐른다. 골드 코스트 하이웨이는 길이가 39.6km다. 서퍼스 파라다이스, 브로드비치, 사우스포트 상업 중심지, 주거 지역, 쇼핑 센터를 지나 골드 코스트 공항까지 이어진다. 골드 코스트 하이웨이 옆에 지링크가 달린다. 지링크(G:link)는 골드 코스트 경전철이다. 19개 역 20km 단일 라인으로 구성되어 있다. 2014년에 개통됐다.그림 54

그림 55 **호주 골드 코스트의 서퍼스 파라다이스 비치**

서퍼스(Surfers) 파라다이스는 골드 코스트 교외지역이다. 2016년 기준으로 23,689명이 거주한다. 고층 아파트가 많다. 넓은 서핑 해변을 갖추고 있다. 2009년 퀸즈랜드 150주년 기념 행사에서 Q150 아이콘 중 하나로 선정됐다. 서퍼스 파라다이스에 있는 교회, 기념관, 간판, 주거지 등이 문화 유산으로 인정받았다. 서퍼스 파라다이스의 전체 해안선은 서퍼스 파라다이스 비치라 한다. 연속적인 모래 서핑 해변이다. 서핑, 서퍼스 파라다이스 페스티벌, 골드 코스트 마라톤, 서퍼스 파라다이스 스트리트 서킷 등이 이뤄진다. 골드 코스트 해변에서 사람들을 보호하고 서핑 안전을 위해 전문 서핑 인명 구조 서비스가 제공된다. 수영하는 사람들을 상어로부터 보호하기 위해 「퀸즐랜드 상어 보호 프로그램」이 운영된다.그림 55

그림 56 **호주 골드 코스트 해안 사구(沙丘) 안쪽의 고층 빌딩**

사우스포트와 서퍼스 파라다이스 사이는 골드 코스트 상업 중심지다. 해안 스트립과 배후지 사이는 네랑강의 배후 습지였으나 인공 수로로 개조됐다. 1950년대에 주거용 수로가 건설됐다. 사구(Dune)는 풍화와 퇴적으로 생기는 지형이다. 모래가 많은 곳에는 어디서든지 생긴다. 해안에 형성된 사구를 해안사구라 한다. 해안 사구는 바다 해변에 쌓인 모래가 바람의 힘으로 내륙 쪽으로 옮겨져 만들어진다. 골드 코스트 해변에는 사구가 길게 형성되어 있다. 골드 코스트 수로와 바다 사이의 좁은 사구 안쪽에 고층 빌딩이 다수 들어섰다. 제일 높은 건물이 Q1 빌딩이다. Q1 빌딩은 '퀸즐랜드 넘버원 건물'이란 뜻이다. 초고층 주거용 타워다. 2005년에 완공됐다. 높이 322.5m

다. 퀸즐랜드주 150주년 기념행사 기간 동안 퀸즐랜드 아이콘 중 하나로 인정받았다.그림 56

1788년 영국은 시드니 코브에 캠프를 세워 본격적인 호주 경영에 나섰다. 1901년 호주 연방이 설립됐다. 1901-1927년 사이 멜버른이 임시 수도였다. 1927년 이후는 캔버라가 수도다. 1973년 백호주의를 폐지했다. 1986년 호주는 완전한 자주 국가가 됐다. 호주에는 공용어가 없다. 영어가 사실상 자국어다. 호주는 혼합 시장 경제 체제다. 2022년 호주의 1인당 GDP는 66,408 달러다. 노벨상 수상자는 14명이다. 2021년 기준으로 호주의 종교 분포는 기독교 43.9%, 이슬람교 3.2%, 힌두교 2.7%, 불교 2.4%다. 캔버라는 계획도시로 만든 수도다. 시드니는 경제 문화 항구 도시다. 멜버른은 경제 문화도시다. 브리즈번과 골드 코스트는 해안 도시다.

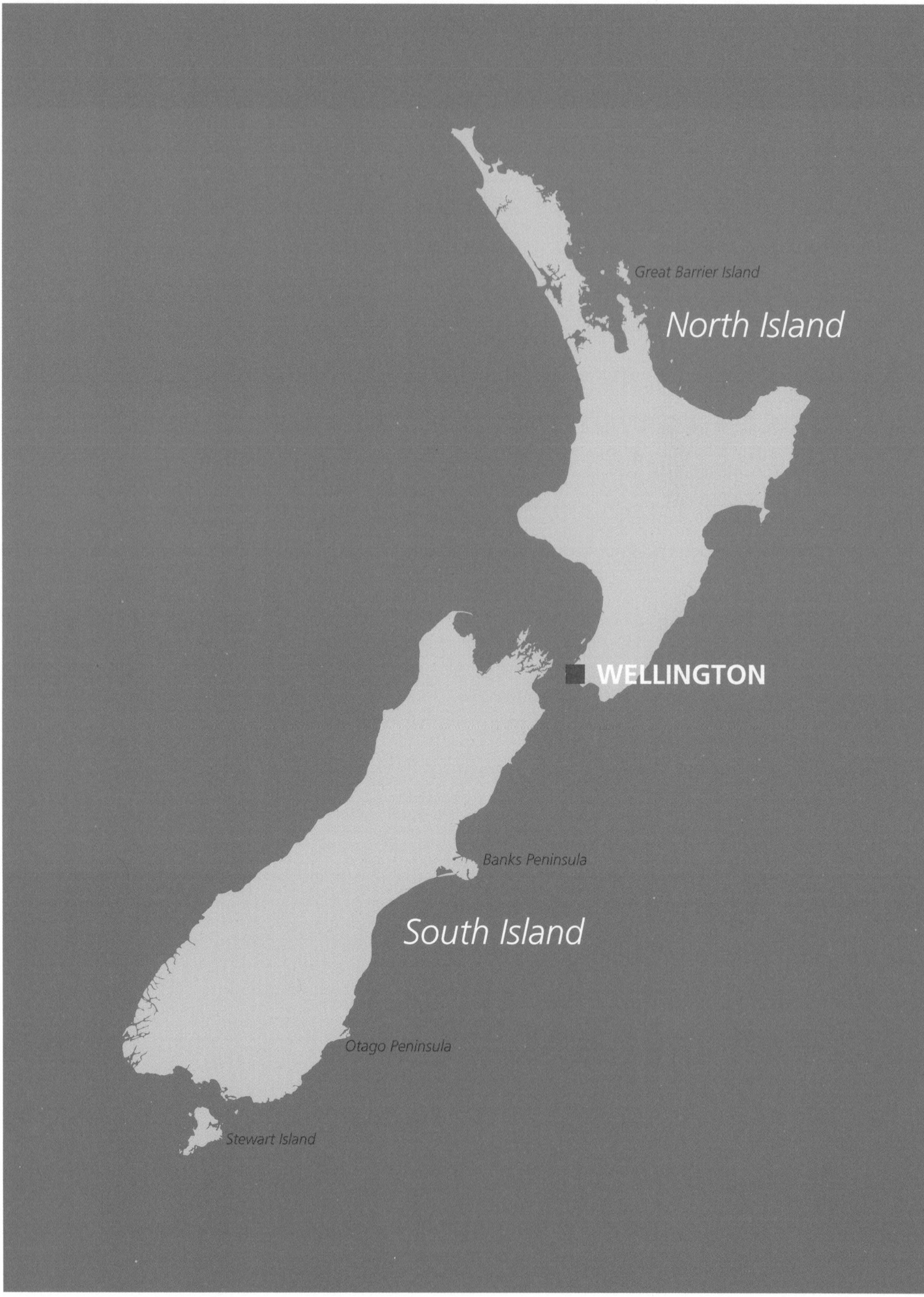

Great Barrier Island

North Island

WELLINGTON

Banks Peninsula

South Island

Otago Peninsula

Stewart Island

47

뉴질랜드

- 01 뉴질랜드 전개과정
- 02 수도 웰링턴
- 03 북섬 오클랜드
- 04 북섬 로토루아
- 05 남섬 크라이스트처치
- 06 남섬의 여러 지역

그림 1 뉴질랜드 국기

01 뉴질랜드 전개과정

뉴질랜드의 공식명칭은 New Zealand다. 268,021㎢ 면적에 2022년 기준으로 5,136,890명이 거주한다. 북섬과 남섬, 그리고 700개 이상의 작은 섬으로 구성되어 있다. 뉴질랜드는 호주에서 동쪽으로 2,000km 떨어져 있다. 뉴칼레도니아, 피지, 통가 섬에서 남쪽으로 1,000km 거리에 있다. 뉴질랜드는 유엔, 영연방, ANZUS, UKUSA, OECD, 아시아 태평양 경제 협력체, 태평양 공동체의 회원국이다.

1642년 네덜란드 탐험가 아벨 태즈먼이 뉴질랜드를 Staten Island(스태튼 아일랜드)라고 명명했다. 그러나 1643년 스태튼 아일랜드가 아르헨티나 남동쪽 끝 르메르 해협에 있는 「이슬라 데 로스 에스타도스」 섬이라는 것이 증명되었다. 이에 네덜란드는 이 섬의 명칭을 네덜란드 Zeeland 지명을 따서 라틴어 Nova Zeelandia(노바 질란디아)로 바꿨다. Zeeland는 '바다 땅'이란 뜻이다. 노바 질란디아의 영어식 표현이 뉴질랜드다. 1898년 마오리어 Aotearoa(아오테아로아)를 뉴질랜드와 병행해서 쓰기로 했다. 아오테아로아는 '길고 하얀 구름의 땅'이란 뜻이다. 2013년 북섬은 북섬, Te Ika-a-Māui(테이카아마우이)라, 남섬은 남섬, Te Waipounamu(테와이포우나무)라 표기하기로 했다.

뉴질랜드 국기는 1869년에 채택됐다. 1902년 법적 승인을 받았다. 왼쪽 상단의 푸른 엔사인은 영국 연방에 속했음을 의미한다. 오른쪽 흰색 테두리를 두

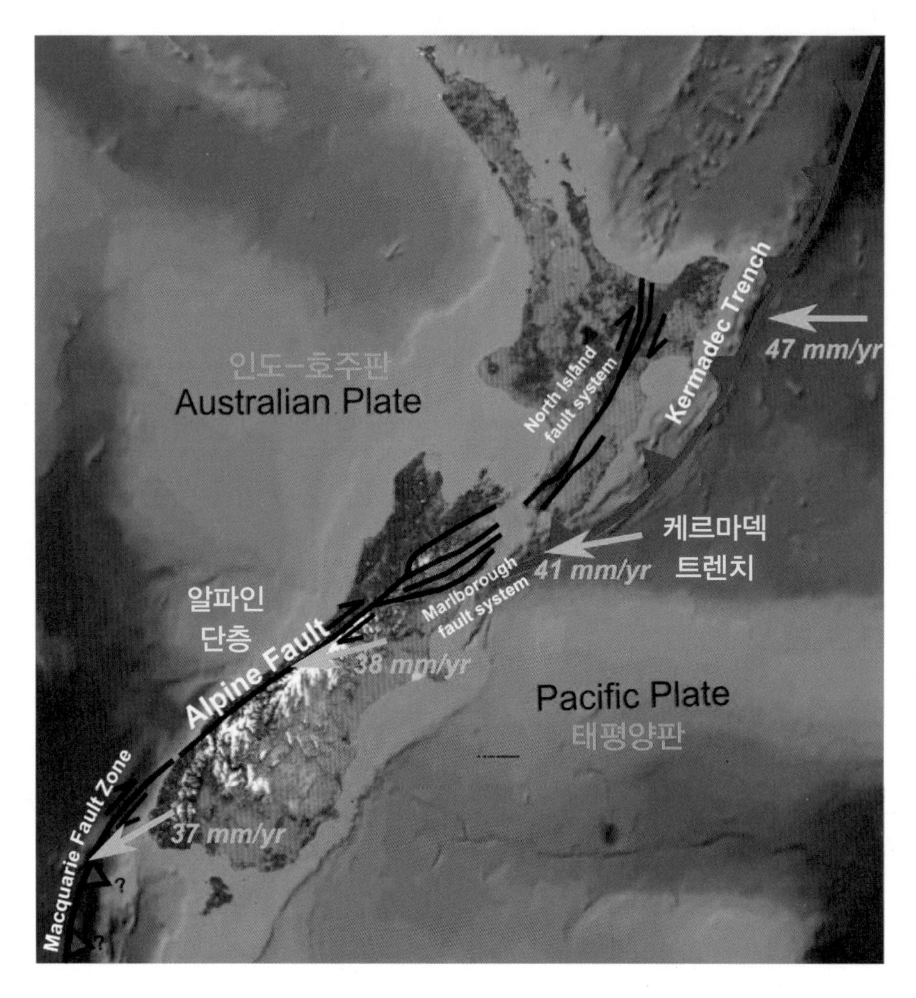

그림 2 **뉴질랜드의 판 구조와 쿡해협**

른 4개의 빨간색 오각별은 남십자성(星)이다. 남십자성은 뉴질랜드를 비롯해 남반구에서 관찰되는 별자리다. 진한 파란색 바탕은 남태평양을 뜻한다. 그림 1

뉴질랜드의 공식 언어는 영어다. 마오리어는 1987년에, 뉴질랜드 수화는 2006년에 공식 언어가 됐다. 2018년 조사에서 영어 95.4%, 마오리어 4.0%, 뉴

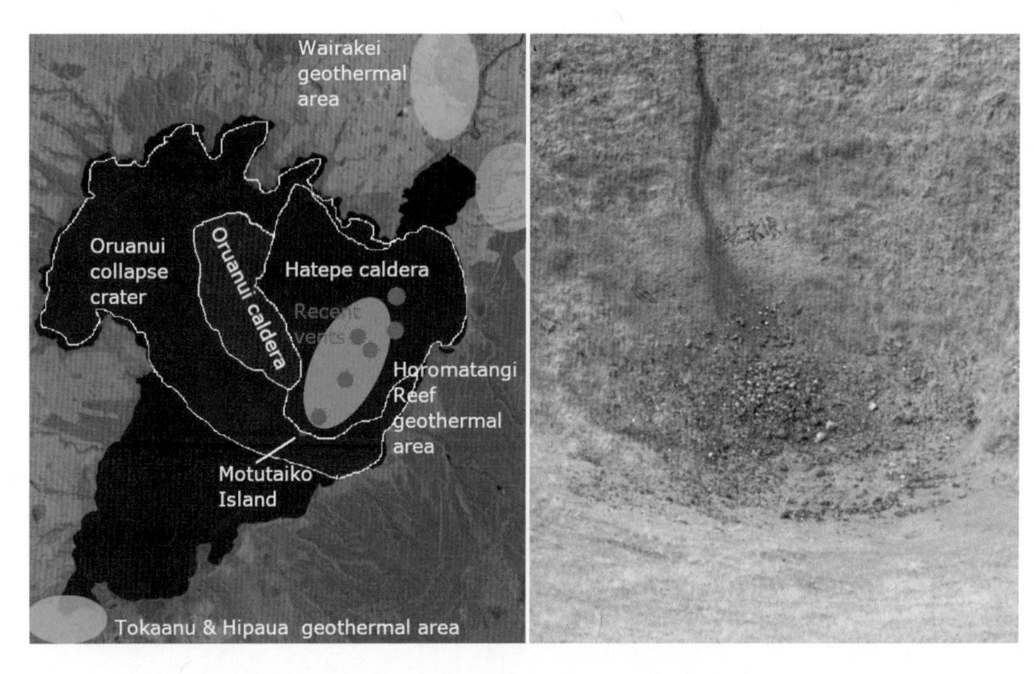

그림 3 **뉴질랜드 북섬 타우포 칼데라 호수와 오클랜드 에덴산 휴화 분화구**

질랜드 수화 0.5%로 집계됐다.

뉴질랜드는 곤드와나 초대륙에서 떨어져 나간 후 서서히 가라앉은 소대륙 질란디아의 일부다. 뉴질랜드는 2,500만 년 전에 판 구조 운동이 일어나 화산과 지진이 잦다. 뉴질랜드는 태평양판과 인도-호주판 사이의 경계에 놓여 있다. 뉴질랜드에 뻗어 있는 케르마덱 트렌치(Trench)는 남태평양에 소재한 선형 해구(海丘)다. 바닷속 해산으로 이루져 있다. 케르마덱 트렌치는 태평양판이 인도-호주판 아래로 섭입(攝入)하기 시작한 에오세에 진화하기 시작했다. 알파인 단층(Fault)은 뉴질랜드 남섬을 가로지르는 단층이다. 태평양판과 인도-호주판 사이의 경계를 이룬다. 남알프스는 지난 1,200만 년 동안 지진으로 단층에서 융기되었다. 단층 중앙 지역의 평균 미끄러짐 속도는 연간 38mm다.그림 2

그림 4 **뉴질랜드의 나라새(國鳥) 키위 모형**

뉴질랜드 지형은 길고 좁다. 남북축은 길이 1,600km, 최대 너비 400km다. 뉴질랜드의 북섬과 남섬은 쿡 해협으로 분리되어 있다. 쿡 해협은 깊이가 128m, 폭이 22km다.그림 2 뉴질랜드 전체면적의 42.4%가 북섬이고, 56.1%가 남섬이다. 북섬에는 화산, 온천, 간헐천, 지열지대가 형성되어 있다. '불의 섬'이라고 불린다. 남섬에는 호수, 빙하지형, 높은 산이 많다. '얼음의 섬'이라 칭한다. 뉴질랜드에는 13개의 국립 공원이 있다. 1990년에 통가리로 국립 공원과 테와히포우나무 국립 공원이 유네스코 세계문화유산으로 등재되었다.

북섬 와이카토에 있는 타우포 화산은 해발 452m다. 300,000년 전에 분출

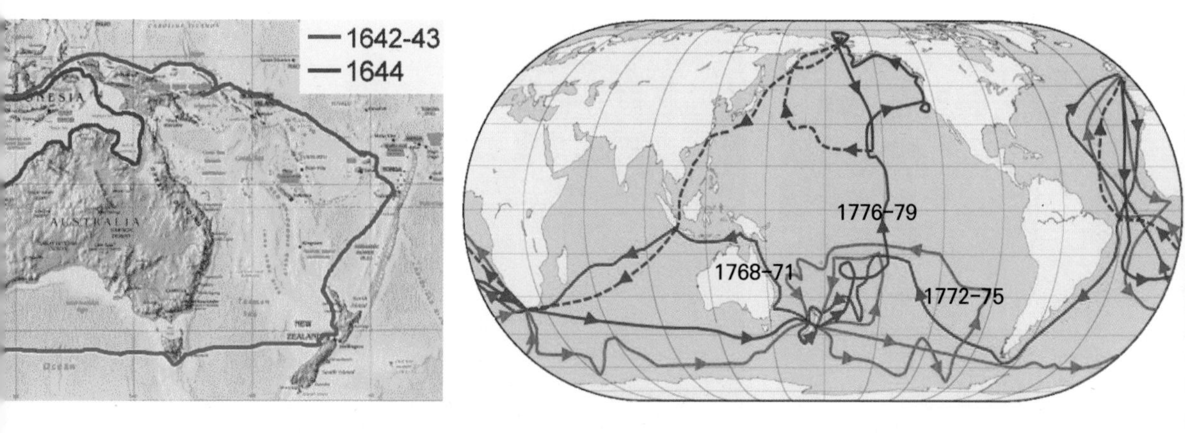

그림 5 **아벨 태즈먼과 제임스 쿡의 항해**

하기 시작했다. 65,000년 전의 타우하라 화산 폭발, 26,500년 전의 오루아누이 분화, 230년경의 타우포 분화로 이어졌다. 타우포 분화는 Hatepe 분화라고도 한다. 화산폭발로 타우포 칼데라 호수가 생겼다. 호수는 면적 616㎢, 둘레 길이 193km, 최대 깊이 186m다. 호수 주변에는 지열 발전소 시스템이 가동 중이다. 북섬 오클랜드 마웅가 와우/에덴산에 휴화산 분화구가 있다. 마웅가 와우는 '와우 나무의 산'을 뜻하는 마오리어다. 에덴산은 오클랜드 백작 조지 에덴의 이름에서 따왔다. 해발 196m에 있는 원뿔 모양의 분화구 깊이는 50m다. 28,000년 전에 분출했다.그림 3

남섬에는 3,000m 이상의 봉우리가 18개 있다. 아오라키/마운트쿡은 해발 3,724m로 가장 높다. 아오라키/마운트쿡은 남쪽에서 북쪽으로 로우 피크(3,593m), 미들 피크(3,717m), 하이 피크의 세 봉우리로 구성되어 있다. 아오라키/마운트쿡 주변에 태즈만 빙하와 후커 빙하가 있다.

뉴질랜드 땅에는 동, 철 성분, 습기가 많아 뱀이 서식하기 어렵다. 맹수도 살지 않는다. 바다 가운데 있는 섬나라로 새들이 많다. 뉴질랜드 나라 새(國鳥)

그림 6 **뉴질랜드 「1840년 와이탕이 조약」의 조인식, 조약의 집, 위치**

키위(Kiwi)는 날개가 퇴화되고 부리가 발달했다. 키위는 뉴질랜드 국민을 지칭하기도 한다. 외환시장에서의 키위는 뉴질랜드 달러를 뜻한다. 키위는 뉴질랜드에서 생산되는 과일이기도 하다.그림 4

뉴질랜드 기후는 해양성 기후다. 사계절이 있는 온대 지역이다. 연평균 기온은 북섬이 16℃, 남섬이 10℃다.

1250-1300년 사이에 폴리네시아인이 뉴질랜드 군도(群島)에 상륙했다. 이들의 후손이 마오리족이라고 설명한다. 네덜란드 탐험가 아벨 태즈먼이 1642-1643년 항해 기간에 뉴질랜드 남섬 서해안을 답사했다. 영국 선장 제임스 쿡이 1769년과 1772-1775년, 1776-1779년 항해 기간에 뉴질랜드를 탐험했다.그림 5 1814년 런던 선교사가 들어와 기독교 교회를 시작했다.

유럽 이주민과 뉴질랜드 부족은 부족별로 각각 교류했다. 개별적으로 토지 매매가 이뤄지면서 분쟁이 자주 일어났다. 마오리인은 해상 장악력이 큰 영국과의 관계 개선을 도모했다. 1840년『와이탕이 조약』이 체결됐다. ‘통치권이 영국에 양도되고, 마오리 땅의 소유권을 확립하며, 마오리인에게 영국인의 권리를 부여한다’는 내용이다. 1974년에 조약이 서명된 2월 6일을「와이탕이의 날」로 정했다.「조약이 체결된 집」은 북섬 노스랜드 극북 지구 와이탕이에 있다. 1947년부터 조약의 집은 와이탕이의 날을 기념하는 장소가 되었다. 와이탕이에는 17.19㎢ 면적에 2018년 기준으로 51명이 거주한다. 1983년 와이탕이는 뉴질랜드 유산보호구역으로 등재됐다.그림 6

1841년 뉴질랜드는 호주 뉴사우스웨일스와 분리되어 대영제국의 왕령 식민지가 되었다. 1852년 뉴질랜드 정부가 들어섰다. 마오리인은 영국 국민으로서의 권리를 인정받았다.

1843-1872년 사이에 토지 문제로 마오리 전쟁이 일어났다. 1870년부터 영국은 마오리와의 공존관계를 모색했다. 1882년 냉동선의 개발로 낙농업이 활성화됐다. 1890년대부터 여성 투표권, 양로 연금, 최저 임금 관련법이 발의됐다. 20세기 이후 유럽과 아시아 이민자가 증가했다. 1907년에 뉴질랜드는 영연방 자치령(Dominion)이 되었다. 1930년대부터 높은 경제 성장을 이루어 복지 국가로 발전했다. 1947년 웨스트민스터 법령에 의거해 영국으로부터 독립했다. 세계 양차 대전 때 영국과 함께 연합국의 일원으로 참전했다.

1949년 뉴질랜드는 대한민국을 승인했다. 1950년 한국전쟁에 뉴질랜드 군인 5,094명이 참전했다. 1962년 대한민국과 외교관계를 수립했다. 1950년 이후 마오리는 문화적 르네상스를 거치며 도시로 이동했다. 1951년 호주, 뉴질랜드, 미국은 군사 방어 안전보장조약(ANZUS Treaty)을 체결했다. 1964-1972년 기간 베트남 전쟁에 파병했다. 1985년 비핵화지대를 선언했다. 1986년 뉴질랜드 신헌법이 확립됐다. 뉴질랜드는 의회 민주주의 입헌군

주국이다. 영국 왕이 뉴질랜드의 왕이고 국가 원수다. 총독이 왕의 권한을 위임받고 있다. 국민의 선거로 뽑힌 총리가 현실 정치의 책임자다.

뉴질랜드는 시장 경제 체제다. 역사적으로 물개, 고래, 아마, 금, 카우리 고무, 천연 목재 등 추출 산업에 집중했었다. 1950년대와 1960년대에 영국과 미국으로 농산물을 수출해 경제력을 키웠다. 오늘날 주요 산업은 식품 가공, 농업, 임업, 관광, 금융 서비스다. 2017년 기준으로 직업별 노동력은 농

그림 7 **뉴질랜드의 방목형 낙농업**

그림 8 **뉴질랜드 북섬 와이라케이 지열 발전소**

업 6.6%, 산업 20.7%, 서비스 72.7%다. 관광은 GDP의 5.6%다. 뉴질랜드의 2022년 1인당 명목 GDP는 47,278달러다. 노벨상 수상자는 3명이다.

뉴질랜드에서 낙농업은 중요하다. 1814년 영국 선교사가 젖소를 도입했다. 1840년대부터 대부분의 정착지와 도시 주변에서 젖소 낙농이 이뤄졌다. 1882년 더니든에서 냉장 육류를 선적해 육류, 유제품을 영국에 수출했다. 1960년대 말까지 양모가 수출의 1/3이었다. 오늘날 수출 품목은 낙농제품, 육류, 과일, 채소, 와인, 목재 등이다. 2014년 기준으로 식품은 전체 수출액의 55%였다. 낙농제품이 21%다. 2019-2020년 기준으로 젖소는 4,920,000마리다. 양의 수는 1982년 70,000,000마리였다가 2015년에 2,910,000마리

그림 9 **뉴질랜드 마오리인의 전통집과 개량 주택**

로 줄었다. 뉴질랜드 낙농업은 방목형이다.그림 7

뉴질랜드 에너지는 2020년 기준으로 재생 에너지 81%, 화석 에너지 19%다. 재생 에너지는 수력, 지열, 풍력 에너지 등이다. 수력은 와이카토강, 와이타키강, 클루타/마타아우강, 마나포우리강에서 이뤄진다. 지열 발전은 북섬 타우포 화산 지대의 여러 대형 발전소에서 생산된다. 지열 발전은 뉴질랜드 전체 에너지의 17%를 차지한다. 와이라케이 지열 발전소는 북섬 타우포 화산지대에 있다. 1958년 습증기 발전 형식으로 건설됐다. 본 발전소를 통과한 저온 증기를 활용하기 위해 2005년에 바이너리 사이클 발전소가 세워졌다.그림 8

뉴질랜드의 지열은 다양하게 활용되어 왔다. 마오리는

그림 10 **뉴질랜드 마오리의 항이 내려 놓기 요리법**

화산 지열을 이용한 난방효과를 얻으려고 땅을 파서 집을 짓고 지붕을 낮게 했다. 집의 출입문은 측입형(側入形)이 많았다. 근래의 마오리 집은 생활 공간을 넓히려고 지붕을 덧붙여 비가 와도 활동할 수 있게 개량했다.그림 9

마오리는 뜨거운 열을 이용하는 항이(Hāngī) 요리법으로 음식을 만들었다. 「항이 놓기」 또는 「항이 내려 놓기」 요리법이다. 땅에 구덩이를 파고 구덩이에 돌을 놓았다. 항이 요리 음식은 고기와 야채다. 음식 놓는 그릇이 초기에는 나무껍질, 큰 잎이었다. 나중에 나무 바구니, 철사 바구니가 사용됐다. 고기 바구니는 구덩이 바닥에 놓고 야채 바구니는 위에 놓았다. 바구니 위에 젖은 자루나 천을 얹고 구덩이 전체를 흙으로 덮었다. 요리는 양에 따라 3-4시간이 걸렸다. 오늘날에는 지열, 장작불, 돌, 구덩이 대신 스테인리스 스틸을 사용하는 「항이 기계」로 발전했다. 뜨거운 지열이 올라오는 곳에 넓은 돌판을 깔아 활용한다. 나무 그릇에 음식을 넣어 익혀먹거나 돌판 위에서 찜질을 하기도 한다.그림 10

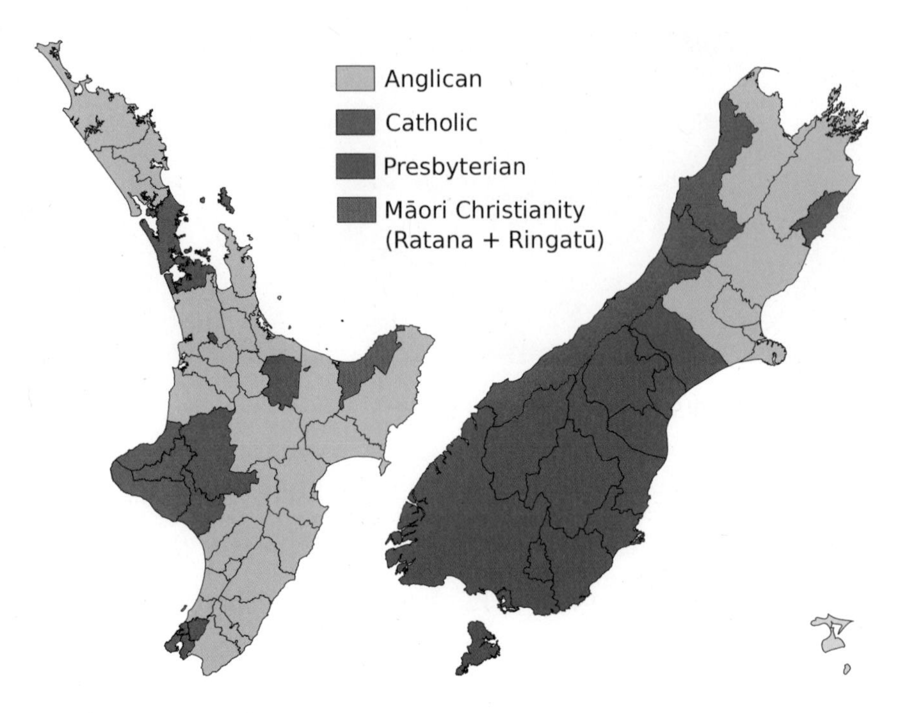

그림 11 **2013년 뉴질랜드의 지배적인 기독교 종파**

뉴질랜드에는 국교(國敎)가 없다. 와이탕이 조약 체결 이후 종교의 자유가 보장되어 있다. 기독교 예배는 1769년 성탄절에 시작되었다. 19세기 영국으로부터 성공회, 가톨릭, 장로교가 들어왔다. 2013년 기독교는 47.7%였다. 기독교 가운데 가톨릭 12.6%, 성공회 11.8%, 마오리 기독교 1.4%, 나머지는 다양한 개신교였다. 이슬람, 불교, 유대교 등은 1.5% 미만이었다. 2018년에 와서 기독교 비율은 37.3%로 줄었다. 가톨릭은 1842년 프랑스 선교사들이 마오리 교회로 출발했다. 아일랜드에서 온 가톨릭 신자들이 정착 교회로 발전시켰다.그림 11

그림 12 **뉴질랜드 마오리의 카파 하카 공연과 라랑가 짜기 공예**

마오리족의 시조는 쿠페(Kupe) 대족장으로 알려졌다. 마오리 문화는 폴리네시아 문화에서 유래했다. 마오리는 '평범한, 보통의'라는 뜻이다. 마오리 문화는 유럽인과 접촉하면서 다양화됐다. 전통적인 마오리 예술은 카파 하카(그룹 공연), 라랑가(짜기), 화카이로(조각), 타 모코(문신) 등으로 표현한다. 카파 하카는 '그룹(kapa) 댄스(haka)'의 뜻이다. 노래와 춤으로 마오리의 유산과 폴리네시아 문화적 정체성을 표현한다. 라랑가는 의복을 짜는 공예다. 폴리네시아에서 얻을 수 있는 무카 섬유로 직조한다. 손으로 짠다. 화카이로는 나무, 돌, 뼈에 조각하는 전통 예술이다. 상대를 겁박하기 위해 혀를 내미는 작품이 있다. 타 모코는 알바트로스 뼈로 만든 끌로 몸에 문신을 하는 폴리네시아 스타일이다. 주변 지역의 마르케산, 사모안, 타히티, 하와이안 문신과 차별화된다.그림 12

그림 13 **뉴질랜드의 올 블랙스 럭비 경기와 하카 공연**

럭비는 뉴질랜드 국가 스포츠로 간주한다. 1870년에 시작됐다. 뉴질랜드 럭비 국가대표팀은 All Blacks(올 블랙스)다. 올 블랙스는 국제 경기가 시작될 때 마오리 챌린지인 하카 공연을 펼친다. 1987년, 2011년, 2015년 럭비 월드컵에서 우승했다.그림 13

그림 14 **뉴질랜드의 호수 골프와 맑은 호수**

뉴질랜드에는 이색적인 「호수 골프 게임」이 있다. 호수 가운데에 커다란 망을 설치하고 그곳에 골프 공을 넣는 게임이다. 망에 골프 공이 차면 망을 거둬 들여 교체한다. 뉴질랜드 호수 물은 투명에 가깝도록 깨끗하다. 호수 물 안에 있는 물고기가 육안으로도 확인된다. 어린이들이 맑고 깨끗한 호숫가에서 물놀이를 한다.그림 14

그림 15 뉴질랜드 수도 웰링턴

02 수도 웰링턴

Wellington(웰링턴)은 뉴질랜드의 수도다. 쿡 해협과 레무타카 산맥 사이의 북섬 남서쪽 끝에 입지했다. 남위 41°17'에 위치한 세계 최남단의 수도다. 뉴질랜드 정부, 의회, 대법원, 공공기관이 있다. 112.36㎢ 면적에 2022년 기준으로 212,000명이 거주한다. 웰링턴 대도시지역 인구는 434,900명이다. 웰링턴 대도시지역에는 포리루아, 로어 헛, 어퍼 헛 시(市)가 포함된다. 웰링턴과 주변에 빅토리아산, 마운트 앨버트, 카우카우산, 브루클린 힐 등이 있다. 웰링턴 항구와 배후 산지 사이가 좁아 개발이 제한적이다. 언덕을 배경으로 발달한 도시 경관은 야경에서 특징이 나타난다.그림 15

Wellington은 웰링턴 공작 아서 웰즐리의 이름에서 따왔다. 그는 나폴레옹과 싸운 1815년 워털루 전투를 승리로 이끌었다. 영국 총리를 역임했다. 웰링턴 항구는 마오리어로 「테 황가누이 아 타라」라 한다. '타라의 위대한 항구'라는 뜻이다. 웰링턴을 「포네케」라고도 한다. 「Port Nicholson(포트 니콜슨)」의 줄임말 「Port Nick」의 마오리어 음역(音譯)이라 설명한다. 포트 니콜슨은 나중에 웰링턴으로 개명됐다.

그림 16 **뉴질랜드 웰링턴의 케이블 카**

웰링턴은 쿡 해협을 통과하는 바람에 노출되어 있다. 바람이 많이 불어 「바람의 웰링턴」이라 불린다. 웰링턴 바람의 평균 풍속은 27km/h다. 웰링턴 고지대를 다니는 케이블 카가 1902년에 설치됐다. 푸니쿨라 철도다. 쇼핑 거리 램튼 키와 언덕 교외 지역인 켈번 사이를 운행한다. 120m 높이에 612m 거리를 다닌다. 편도 운행 시간은 5분이다.그림 16

웰링턴은 1848년 지진을 겪었다. 1855년 웰링턴 북쪽과 동쪽의 와이라라파 단층에서 지진이 발생했다. 항구 밖의 육지가 2-3m 수직으로 들어 올려졌다. 조수 늪으로 바뀐 이 땅의 대부분은 매립되었다. 해안에서 250m 떨어진 중심업무지구의 램튼 키 거리가 조성됐다. 거리 보도에 해안선 매립을 나타내는 「1840 명판」이 설치됐다. 지진 이후 목재 건물이 세워졌다. 웰링턴에서 목재로 만든 건물은 오래된 행정부 청사가 대표적이다. 램튼 키 거리에 있다. 1876년에 완공했다. 1982년 뉴질랜드 유산으로 등재됐다. 2016년까지 크고 작은 지진이 발생했다.

12세기부터 마오리족이 웰링턴과 주변 지역에 살았다. 1839년 영국이 들어왔다. 1840년 웰링턴 손돈에 정착지를 세웠다. 도시 설계가 진행됐다. 같은 해 웰링턴은 도시가 되었다. 1841년 뉴질랜드 식민지가 설립됐다. 1841-1865년 기간 뉴질랜드의 수도는 오클랜드였다. 오클랜드가 북섬의 북쪽 끝에 있는 반면, 웰링턴은 뉴질랜드 중앙에 있다. 더욱이 남섬을 별도의 영국령으로 분리하려는 논의가 진행됐다. 이에 1865년 수도를 웰링턴으로 옮겼다. 균형발전을 도모한다는 명분이었다. 이전 당시 웰링턴 인구는 4,900명이었다. 웰링턴은 지리적으로 국내간 도로, 해안, 항공 교통의 요충지다. 오클랜드와 웰링턴은 철도로 연계된다. 오클랜드와 웰링턴의 거리는 644km다.

1870년대에 뉴질랜드 의회 건물이 세워졌다. 1907년 도서관을 제외한 모든 건물이 불에 탔다. 뉴질랜드 램튼 키 북쪽 끝에 대체 건물을 다시 지었다. 의회 단지 면적은 45,000㎡다. 1922년에 국회의사당을, 1977년에 행정동을 지었다. 국회 의사당은 에드워디안 신고전주의 양식이다. 코로만 델 화강암과 타카카 대리석으로 지었다. 국회의사당에는 위원회실, 토론실, 연사실, 방문자 센터 등이 있다. 1915년 정문에서 동쪽 25m 떨어진 곳에 총리를 역임한 세돈 동상이 세워졌다. 1995년 엘리자베스 2세 여왕이 공식 개장했다. 1989년 뉴질랜드 유산으로 등재됐다.그림 17

「벌집」은 독특한 건물 양식 때문에 벌집이란 이름이 붙여진 국회의사당 행정동이다. 뉴질랜드의 아이콘이다. 1969년에 착공됐다. 높이 72m의 10층 건물이다. 갈색 지붕은 20톤의 구리를 손으로 용접하고 접합했다. 10층에

그림 17 뉴질랜드의 국회의사당, 행정동 「벌집」, 보웬 하우스(右→左)

내각실이, 9층에 총리실이 있다. 「9층」은 뉴질랜드 총리실을 의미하는 말로 사용된다. 나머지 층에는 장관 사무실, 기능실, 목사실, 기자 회견장, 레스토랑, 체육시설 등이 있다. 1층 연회장에는 길이 42m, 높이 4.8m의 뉴질랜드 벽화가 있다. 지하는 4층이다. 지하에는 국가 민방위 센터가 있다. 2013년과 2014년에 지붕과 창문을 정비했다. 벌집은 1992년부터 뉴질랜드 20달러 지폐 디자인의 일부로 사용됐다. 1977년 엘리자베스 2세 여왕이 공식 개관했다. 2015년에 뉴질랜드 유산으로 등재됐다.그림 18

국회 의사당 옆의 보웬 하우스는 1990년에 완공됐다. 램튼 키 보웬 거리 모퉁이에 있는 22층 사무실 건물이다. 1991년 국회는 보웬 하우스에 입주해 임시 회의실로 사용했다. 오늘날 보웬 하우스는 소규모 정당, 선별위원회 직원, 일부 장관과 지원 직원이 사용한다. 보웬 하우스와 행정동 벌집은 지하로 연결된다.그림 17

웰링턴의 경제는 금융, 서비스, 정부 기능, 영화 산업에 기반을 두고 있다. 램튼 키(Lambton Quay)는 웰링턴의 중심업무지구다.

그림 18 **뉴질랜드 웰링턴의 국회 행정동 「벌집」**

그림 19 **뉴질랜드 웰링턴의 테 나카우 시민 광장과 「고사리 구체 조각상」**

램튼 키 지명은 1825년에 시작한 「뉴질랜드 회사」 이사장의 이름을 따서 지었다. 1840년 유럽인 정착지가 이곳에 들어섰다. 1855년 와이라라파 지진으로 토지 융기와 매립이 진행됐다. 현재 해안선에서 250m 떨어진 곳에 램튼 키가 조성됐다. 정부 인쇄소, 구 정부 건물, 중앙 경찰서, 호텔, 보험 회사, 은행 등이 있다. 웰링턴 센트럴은 도심 금융 중심지다. 0.56㎢ 면적에 2022년 기준으로 3,450명이 거주한다.

테 나카우 시민 광장은 북쪽의 중심업무지구와 남쪽의 테 아로 엔터테인먼트 지구 사이에 있는 공공 광장이다. 1987-1992년 기간에 시민 광장으로 조성했다. 웰링턴 시청, 의회 사무소, 마이클 파울러 센터, 중앙 도서관, 보행자 다리, 도시 갤러리 등으로 둘러싸여 있다. 광장은 노란색 테라코타 벽돌로 포장되어 있다. 도시에서 바다로 이어지는 보행자 다리는 시민 광장에서 웰링턴 해안가로 이어진다. 시민 광장은 공공 행사장과 시민들의 휴식 공간으로 활용된다. 광장에는 1998년 닐 도슨이 만든 「고사리 구체 조각상」이 있다. 구체의 직경은 3.4m다. 구체는 14m 높이에 매달려 있다. 은색 퐁가

그림 20 **뉴질랜드 웰링턴의 쿠바 스트리트와 「양동이 분수」**

고사리, 페타코, 레이스 고사리 등 뉴질랜드 양치류 잎을 사용해 만들었다. 알루미늄 판에 11개의 큰 잎사귀를 잘라 하나의 형태로 용접했다. 구체 내부는 금색을, 외부는 은색을 칠했다.그림 19

쿠바 스트리트는 웰링턴의 문화 중심지다. 중심업무지구의 남쪽에 위치했다. 거리 이름은 1840년 뉴질랜드 회사 정착민 배 이름 「쿠바」를 따서 지었다. 쿠바 스트리트 구역은 보헤미안적 분위기를 보여 준다. 카페, 작업실, 음악 공연장, 레스토랑, 레코드 상점, 서점, 역사적 건축물이 있다. 19-20세기에 에드워디안, 아크 데코, 웨더보드 스타일의 건물이 들어섰다. 1904-1964년 기간에 전기 트램 노선이 쿠바 스트리트까지 운행됐다. 1964년 이후 트램 라인이 제거됐다. 1969년에 트램 라인의 중간 지대인 딕슨 거리와 구즈니 거리 사이가 보행자 전용 쇼핑몰로 바뀌었다. 쿠바 스트리트에 「양동이 분수」가 있다. 2016년 카이코우라 지진 때 건물 피해가 거의 없었다. 1995년에 뉴질랜드 역사 지구로 등록됐다.그림 20

그림 21 **뉴질랜드 웰링턴의 성심 대성당과 올드 세인트 폴 교회**

웰링턴의 종교는 기독교 31.4%, 힌두교 3.7%, 이슬람교 1.6%, 불교 1.7%, 기타 종교 3.3%다. 웰링턴의 「성심의 메트로폴리탄 대성당과 성모 마리아」는 가톨릭 성당이다. 성심 대성당이라 불린다. 웰링턴 힐 스트리트에 있다. 1851년 설립됐다. 웰링턴 대주교의 대성당이다. 올드 세인트 폴 교회는 1866년 봉헌됐다. 1866-1964년 사이에 성공회 교회와 손돈 교회로 사용됐다. 결혼식과 여러 행사가 열리는 랜드마크 건물이다. 19세기 고딕 복고 건축 양식이다. 1981년 뉴질랜드 유산으로 등재됐다.그림 21

퍼블릭 트러스트 빌딩은 오피스용으로 1908년에 세웠다. 2014-2015년 기간에 개조했다. 뉴질랜드 화강암으로 만든 철골 건물이다. 1981년 뉴질랜드 유산으로 등재됐다. 웰링턴 박물관은 도시의 해양 역사, 초기 마오리족과 유럽인 정착지, 도시의 성장 등을 다루는 4개층으로 된 박물관이다. 웰링턴 150년 역사를 보여준다. 테 화레와카 오 포네케는 「웰링턴의 와카 하우스」

로 알려졌다. 2011년 개장했다. 와카는 '카누'를 뜻한다. 화레 테이퍼 회의장, 화레카이 카페, 와카 하우스가 있다. 건물의 코로와이 지붕선은 와카 함대의 전통적인 돛을 연상시킨다. 코로와이는 '망토'라는 뜻이다.

그림 22 뉴질랜드 오클랜드

03 북섬 오클랜드

오클랜드는 북섬에 있다. 뉴질랜드의 옛 수도이고 항구 도시다. 607.10㎢ 면적에 2022년 기준으로 1,440,300명이 거주한다. 오클랜드 지역 인구는 1,695,200명이다. 오클랜드 지역에는 오클랜드 대도시권, 소도시, 농촌 지역, 근해 섬이 포함된다. 오클랜드 주변 언덕은 열대 우림 지대다. 오클랜드 화산 지대에는 53개의 화산 센터가 있다.그림 22

Auckland(오클랜드)는 영국 해군 지도자 오클랜드 백작 조지 에덴의 이름을 따서 지었다. 마오리어 이름은 「타마키 마카우라우」다. '많은 사람이 원하는 타마키'라는 뜻이다. 오클랜드의 자연 환경과 지형이 사람 살기에 좋다고 해서 붙여진 이름이다.

1350년경 마오리족이 오클랜드 지협에 정착했다. 유럽인이 도착하기 전 마오리 인구는 20,000명으로 추정됐다. 1840년 와이탕이 조약이 체결됐다. 1840년 영국은 오클랜드를 설립했다. 1840-1841년 기간 동안 오키아토가 뉴질랜드 임시 수도였다. 1841년 뉴질랜드의 수도가 오키아토에서 오클랜드로 옮겨졌다. 오클랜드에 총독관저와 대법원 등 정부 시설이 건립되었다. 1865년 뉴질랜드의 수도가 오클랜드에서 웰링턴으로 천도됐다.

20세기 초반 트램과 철도가 놓이면서 오클랜드 시역이 확장됐다. 제2차 세계대전 이후 자동차가 주요 교통수단으로 등장했다. 노스 쇼어, 마누카우 시티 등의 교외 지역이 성장했다. 1980년대 중반 경제 규제 완화로 기업 본사가 웰링턴에서 오클랜드로 이전했다. 경제가 좋아지고 해외 방문객이 늘었다. 무역이 활성화됐다. 1986년 아시아 이민이 허용됐다.

오클랜드는 뉴질랜드의 경제 금융 중심지다. 전문, 과학, 기술 서비스, 제조, 소매업, 의료, 사회 지원, 교육 훈련 등의 경제 기능이 수행된다. 2022년 기준으로 오클랜드의 경제력은 뉴질랜드 GDP의 40%로 추산됐다.

오클랜드 중심업무지구(CBD)는 경제 금융 허브다. 4.33㎢ 면적에 2018년 추정으로 54,620명이 거주한다. CBD는 1840년부터 조성됐다. 쇼틀랜드와 퀸 스트리트가 만들어졌다. 커머셜 베이에 건물이 채워졌다. 21세기 초에 CBD에 사람이 몰려 활성화됐다. 오클랜드 CBD는 거의 200년 동안 뉴질랜드 비즈니스 경제 발전을 견인했다. 1950년대 외곽 교외로 산업체가 이전했다. 1990년 이후 고층 빌딩이 들어섰다. 1991년에 높이 151m 35층의 오피스 ANZ, 1999년에 높이 155m 40층 주거/호텔 메트로폴리스, 2000년에 높이 170m 38층의 오피스 베로센터, 2020년에 높이 180.1m 41층의 복합용도 커머셜 베이 PwC 빌딩이 세워졌다. 1997년에 높이 328m의 오클랜드 통신 전망대가 건립됐다. 대학, 박물관, 갤러리가 CBD에 입지해 있다. 해안가에는 오클랜드 페리 터미널이 있어 수로 교통 기능을 수행한다.그림 23

그림 23 **뉴질랜드의 오클랜드 중심업무지구**

그림 24 **뉴질랜드 오클랜드의 퀸 스트리트**

CBD의 중심거리는 퀸 스트리트다. 영국 빅토리아 여왕의 이름을 따서 명명됐다. 1858년 화재로 하이 스트리트와 쇼트랜드 스트리트에 있던 상업 기능의 일부가 퀸 스트리트로 이동했다. 벽돌과 석고 건물이 들어섰다. 1880년대에 말이 끄는 버스가 운행됐다. 1900년에 자동차가, 1902년에는 아스팔트 포장도로가 등장했다. 1902-1956년 기간에 전기 트램이 다녔다. 퀸 스트리트에서는 퍼레이드, 행진, 정치, 문화, 스포츠 행사가 이뤄졌다. 퀸 스트리트는 2006-2008년 사이에 보행자 친화 거리로 업그레이드 되었다. 1956년 이후 트램 노선은 보행자 위주의 공간으로 변모했다. 퀸 스트리트에는 오클랜드 페리 빌딩, 오클랜드 시청사, 우체국, 엔데스 빌딩, 오클랜드 세관, 파머스 트레이딩 컴퍼니,

그림 25 **뉴질랜드 오클랜드의 하버 브리지**

벌컨 빌딩, 딜워스 빌딩, 퀸즈 아케이드, 임페리얼 호텔, 가디언 트러스트 빌딩, 딜로이트 센터 등이 있다.그림 24 1979년 퀸 스트리트 옆에 아오테아 광장이 개장됐다. 야외 콘서트, 모임, 시장, 정치 집회 장소로 사용된다. 아오테아 지명은 그레이트 배리어섬의 마오리 이름 Motu Aotea(모투 아오테아)에서 유래됐다.

오클랜드 하버 브리지는 와이테마타 항구를 가로지르는 8차선 고속도로 다리다. 노스 쇼어 쪽의 노스코트와 오클랜드 시내 쪽의 세인트 메리스 베이를 연계한다. 1번 국도와 오클랜드 북부 고속도로의 일부다. 1959년에 개통했다. 다리의 길이는 1,020m이고 주요 경간은 243.8m다. 수면 위로 43.27m 솟아 있다. 2019년 기준으로 하루 170,000대의 차량이 다리를 건넌다.그림 25

그림 26 **뉴질랜드 오클랜드 미션 베이의 원경과 근경**

미션 베이는 오클랜드 해변 교외 지역이다. 면적 155ha에 2022년 기준으로 4,450명이 거주한다. 도심에서 동쪽으로 7km 떨어져 있다. 동쪽은 코히마라마, 서쪽은 오카후 베이, 남쪽은 메도우뱅크, 북쪽은 하우라키만이다. 미션 베이의 이름은 성공회에서 세운 「멜라네시안 미션」 하우스에서 따왔다. 멜라네시아 소년들에게 기독교를 가르치기 위해 세운 성공회 기관이었다. 1858년에 화산암으로 지었다. 미션 베이에서 보이는 랑기토토 화산섬에서 채석한 암석이다. 1867년 이후 해군 훈련 학교, 산업 학교, 작업 교육 기관으로 사용됐다. 1915-1924년 기간에 조종사 훈련 학교로 활용됐다. 1928년 선교 건물은 박물관이 되었다. 1974년 뉴질랜드 유산으로 등재됐다. 미션 베이 워터프론트에는 쇼핑 지구, 바스티온 포인트, 트레버 모스 데이비스 기념 분수, 공원 등이 있다. 시민들이 바다의 정취를 감상하며 수영도 즐기는 휴식공간이다.그림 26

1898년 영국의 에베네저 하워드는 전원도시 패러다임을 제시했다. 전원도시에서 녹지 공간과 오픈 스페이스는 중요하다. 전원도시의 일부 측면이 오클랜드에서 확인된다. 오클랜드 중밀도 주거지역에는 상당한 녹지 공간이 조성되었다. 도시의 터진 공간으로서의 오픈 스페이스는 일부 공원에서 관찰된다. 오클랜드의 대로는 자동차 중심으로 짜여진 도시 구조를 보여준다. 걸어 다닐 수 있는 보행 친화적인 거리 환경은 일부 지역에서 나타난다.그림 27

그림 27 **뉴질랜드의 오클랜드 주거지역과 대로**

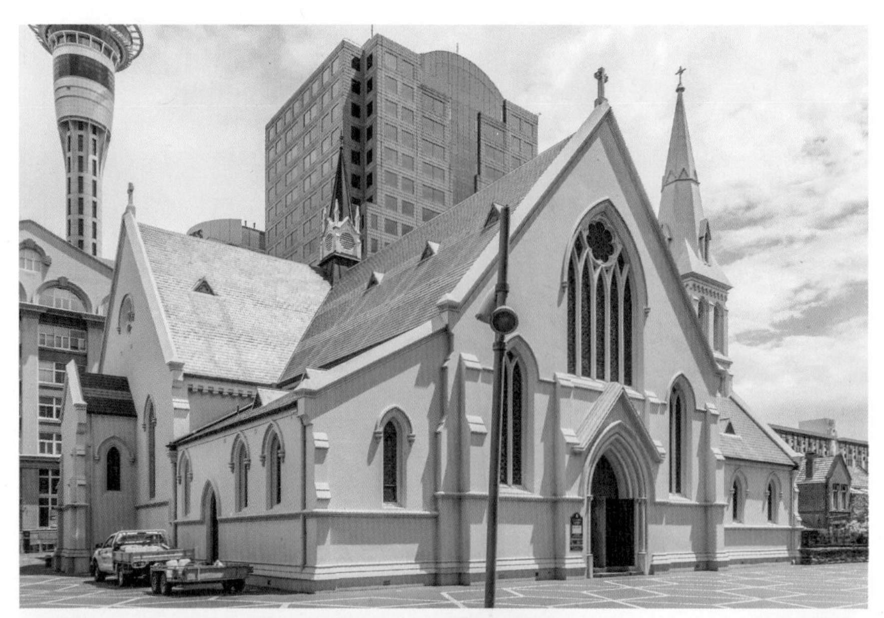

그림 28 **오클랜드의 성 페트릭 대성당과 세인트 폴 교회**

2013년 기준으로 오클랜드의 종교는 기독교 47.6%, 힌두교 4.8%, 불교 2.5%, 이슬람 2.4%다. 기독교 가운데 가톨릭이 13.3%, 성공회가 9.1%, 장로교가 7.4%, 기타 기독교가 17.8%다.

성 페트릭 대성당은 성 패트릭과 성 요셉 대성당이라고도 한다. 가톨릭 교회다. 1841년 설립됐다. 목재로 지었다가, 석조로 교체됐다. 확장된 후 1908년 현재의 대성당으로 축성됐다. 1963년 봉헌됐다. 고딕 리바이벌 스타일이다. 1984년 뉴질랜드 건축학 유산으로 지정됐다. 세인트 폴 교회는 오클랜드 CBD 시먼즈 스트리트에 위치한 성공회 교회다. 1841년 초석을 놓았고 1843년 예배가 시작됐다. 40년 이상 오클랜드 대성당으로 사용됐다. 1895년 세 번째로 봉헌됐다. 1989년 뉴질랜드 유산으로 등재됐다. 홀리 트리니티 대성당은 오클랜드 교외 파넬에 있는 성공회 교회다. 오클랜드 성공회 교구의 「어머니 교회」다. 오클랜드 주교 성당이다. 1973년 본당이 봉헌됐다.그림 28

그림 29 **뉴질랜드의 오클랜드 전쟁 기념 박물관**

오클랜드 전쟁 기념 박물관은 줄여서 오클랜드 박물관이라고도 한다. 1852년 문을 열었다. 현재의 박물관 건물은 1920년대에 신고전주의 양식으로 세웠다. 오클랜드 남동쪽 공원 뉴질랜드 오클랜드 도메인에 위치해 있다. 컬렉션 규모는 4,500,000개체(個体)다. 박물관은 마오리 홀, 뉴질랜드 자연사 박물관, 전쟁기념 박물관으로 구성되어 있다. 마오리 홀에는 마오리족, 파케하족, 오세아니아 민족 등 태평양 섬 공동체의 다양성과 생산품이 있다. 뉴질랜드 자연사 박물관에는 다큐멘터리 유산, 자연 과학, 인류 역사 등의 컬렉션이 있다. 전쟁기념 박물관에는 뉴질랜드 전쟁, 양차 세계대전 등 해외 분쟁 참전 내용이 있다.그림 29

그림 30 **뉴질랜드 오클랜드의 마이클 조셉 새비지 기념공원**

마이클 조셉 새비지 기념공원은 1942년에 완공했다. 기념공원은 바스티온 포인트 인근에 조성되어 있다. 바스티온 포인트는 1885년경에 지어진 해안 요새였다. 기념공원에는 18m 높이의 석탑과 반사 연못, 울타리, 화단이 있다. 도시 스카이라인과 와이테마타 항구가 내려다 보인다. 새비지는 1935-1940년 기간에 뉴질랜드 총리를 역임했다. 뉴질랜드 복지 국가 설계자로 평가받았다. 「모든 사람의 삼촌」이라고 불리는 상냥하고 카리스마 넘치는 성격과 연설가로 알려져 있다. 새비지는 1942년 이곳 영묘에 안장됐다. 1999년 뉴질랜드 언론에서 「세기의 뉴질랜드인」이라는 칭호를 부여했다.그림 30

그림 31 뉴질랜드 로토루아와 농고타하산의 표지판

04 북섬 로토루아

로토루아는 북섬 로토루아 호수 남쪽 기슭에 입지해 있다. 48.04㎢ 면적에 2022년 기준으로 57,900명이 거주한다. 로토루아 대도시권 인구는 76,800명이다. 마오리 문화의 중심지다. 화산과 지열 활동으로 온천이 많다. 지열 활동으로 '유황(Sulphur)의 도시'라는 별칭을 얻었다. 농고타하산 정상에 「로토베가스(Rotovegas)」라는 표지판을 설치했다.그림 31

로토루아는 마오리어 Te Rotorua-nui-a-Kahumatamomoe(테 로토루아 누이 아 카후마타모모에)에서 유래했다. Roto는 '호수'를, rua는 '두 번째' 또는 '2'를 뜻한다. 따라서 Rotorua는 '두 번째 호수'를 의미한다. 「카후마타모모에」는 마오리 탐험가 이헨가의 삼촌이었다. 이헨가는 두 번째 호수를 발견했다. 곧 조카인 이헨가가 삼촌 카후마타모모에를 기리기 위해 붙인 이름에서 「로토루아」가 나왔다는 설명이다.

1350년 마오리족이 정착했다. 1828년 유럽인이 들어왔다. 1835년 선교부가 설립됐다. 1886년 6월 타라웨라산에서 화산 폭발이 일어났다. 3개 마오리 마을이 파괴되고 인명이 살상됐다. 1880년대 온천과 간헐천 지역에 관광 시설이 세워졌다. 1894년 철도가 개설되어 오클랜드와 연결됐다. 1908년 유럽풍의 온천장이 개장됐다. 로토루아는 1922년에 자치구로 설립됐다. 1962년에 시로 발전했다. 1979년 지구가 되었다.

그림 32 **뉴질랜드 로토루아 호수와 모코이아섬**

로토루아 산업은 관광업과 낙농업이다. 호수, 간헐천, 레드우즈 숲 등이 있다. 낙농과 마오리 전통 행사가 진행된다. 로토루아에는 18개의 호수가 있다. 이를 총칭하여 로토루아 호수라 한다. 낚시, 수상스키, 수영, 이벤트 장소로 사용된다. 2007년 세계 수상스키 선수권 대회, 2009년 세계 시각 장애인 세일링 선수권 대회가 열렸다.

로토루아 호수의 면적은 79.8㎢, 평균 깊이는 10m다. 북섬 최대 호수는 면적 616㎢인 타우포 호수다. 로토루아 호수는 타우포 화산대에 있는 화산 분화구다. 240,000년 전에 마지막 폭발이 있었다. 분화 후 남은 둥근 구덩이가 로토루아 칼데라(Caldera)다. 현재 호수가 있는 장소다. 호수의 중앙 근처에 모코이아섬이 있다. 유문암 돔이다. 「히네모아와 투타네카이」의 전설이 있다. 호수가의 처녀 히네모아가 모코이아섬의 총각 투타네카이에게 헤엄쳐 건너갔다는 전설이다. 전설이 마오리 민요로 전해오다가 1914년 『포카레카레 아나 *Pokarekare Ana*』라는 노래로 편곡됐다. 1917년 제1차 세계대전 때 초연됐다. 한국에서 불리는 『연가(戀歌)』의 원조가 『포카레카레 아나』다. 한국 전쟁 때 참전한 뉴질랜드 군인이 불렀다 한다.그림 32

와카레와레와는 타우포 화산지대에 있는 반농촌 지열지역이다. 328ha 면적에 2022년 기준으로 880명이 거주한다. 현지인은 「화카」라고도 한다. '와히아오 전쟁 당사자 집결 장소'라는 뜻이다. 이곳은 지열로 난방과 요리하기에 좋은 장소였다. 그동안 지열 온천수를 과다 추출해 문제가 생겼으나 1987년 이후 개선됐다. 와카레와레와에는 500개의 풀(pool)과 65개의 간헐천 분출구가 있다. 7개의 간헐천이 활동하고 있다. 대부분의 간헐천은 가이저 플랫에 위치했다. 와이코로히히, 포후투, 프린스 오브 웨일즈 페더즈 간헐천은 탕천 고원에 있다. 와이코로히히 간헐천이 5m 높이로 분출한 다음, 프린스 오브 웨일즈 페더즈 간헐천이 시작되고, 나중에 포후투 간헐천이 솟아 오른다. 프린스 오브 웨일즈 페더즈 간헐천은 연속적으로 9m 높이의 기둥이 분출될 때까지 힘이 증가한다. 포후투 간헐천은 30m 높이까지 솟아오른다. 매시간 10-20분 동안 분출한다. 분화구의 직경은 50cm다. 포후투는 '큰 물보라, 폭발, 지속적인 물보라'라는 뜻이다.그림 33

그림 33 로토루아의 프린스 오브 웨일즈 페더즈 간헐천과 포후투 간헐천

아그로돔은 양을 기르고 관리하는 모습을 보여주는 곳이다. Agrodome(아그로돔)은 Agriculture의 Ag와 Rotorua의 ro, 그리고 dome의 합성이다. 1971년부터 양털깎기 공연이 시작됐다. 양털깎기 공연에서는 양털깎기와 양몰이 개 시범 등을 연기한다. 야외에서는 양몰이 개가 양을 우리에 넣는 시범을 보여준다.그림 34

레드우드 숲은 레드우드 메모리얼 그로브라고도 한다. 로토루아 외곽의 산림욕장이다. 면적은 131,983에이커다. 1901년 캘리포니아 해안 삼나무(세쿼이아) 레드우드 묘목이 식수됐다. 1975년 삼림 공원으로 지정됐다. 세계 각국의 나무들이 심어져 있다. 뉴질랜드 삼림 라디에타 소나무와 뉴질랜드 토착 식물이 식재됐다. 실버 트리 고사리를 비롯해 다양한 양치류가 자란다.

그림 34 **뉴질랜드 로토루아의 아그로돔 공연**

그림 35 **뉴질랜드 마타마타의 『반지의 제왕』 영화 세트장과 호비튼 표지판**

마타마타는 로토루아와 해밀턴 사이의 와이카토에 있는 도시다. 6.15㎢ 면적에 2022년 기준으로 8,700명이 거주한다. 마타마타에서 남서쪽으로 10km 떨어진 농장에서 『반지의 제왕 *Lord of the Ring*』의 호비튼 장면을 촬영했다. 촬영지에는 그린 드래곤 인, 워터 하우스, 백 엔드의 원형 녹색 문, 호수, 호비튼 방앗간, 이중 아치형 다리 등의 호비튼 영화 세트장이 꾸며져 있다. 도로에 「Welcome to Hobbiton」이라는 표지판이 설치되어 있다.그림 35

와이토모(Waitomo) 동굴 지명은 '물(Wai)'과 '굴, 구멍(Tomo)'의 합성어다. 로토루아에서 서쪽으로 139km, 오클랜드에서 남쪽으로 191km 떨어져 있다. 조성 시기는 3천만 년 전이다. 300개의 석회암 동굴이 있다. 1884년 동굴이 알려졌다. 반딧불 종(種)「아라크노캄파 루미노사」Glow Worm(그로우 웜)이 서식하고 있다. 냇물이 흐르는 동굴 안으로 배를 타고 들어가면 밤하늘의 은하계 같은 그로우 엄의 반짝이는 빛의 향연이 펼쳐진다. 석회암 동굴에는 종유석, 석순, 석회암 퇴적물이 있다.그림 36

그림 36 **뉴질랜드 와이토모 반딧불 동굴**

그림 37 뉴질랜드 크라이스트처치

05 남섬 크라이스트처치

크라이스트처치는 남섬 캔터베리 지역의 중심지다. 295.15㎢ 면적에 2022년 기준으로 377,900명이 거주한다. 주변지역을 포함한 인구는 389,300명이다. 에이번강이 도시를 관통하며 흐른다.그림 37

Christchurch 지명은 옥스포드 대학의 크라이스트처치에서 유래했다. 초기 정착민 대부분이 영국 옥스퍼드 대학 크라이스트 칼리지 출신이었다. 1848년에 도시 명칭이 정해졌다.

1250년경 원주민이 큰 새 모아(Moa) 사냥을 위해 이곳에 들어왔다. 이러한 고고학적 증거는 1876년 크라이스트처치의 동굴에서 발견됐다. 모아는 뉴질랜드 고유종으로 날지 못하는 새였고 멸종됐다. 목을 쭉 뻗은 상태에서 키가 3.6m, 무게가 230kg였다. 1840년대에 영국, 네덜란드, 프랑스 등에서 개척민이 들어왔다. 1840년 와이탕이 조약에 의해 뉴질랜드는 사실상 영국 직할 식민지가 됐다. 1856년 영국 국왕의 칙령으로 크라이스트처치가 관리됐다. 시내 중심 지역에 네오고딕 양식의 건물이 건설됐다. 1853-1876년 기간에 크라이스트처치는 캔터베리 주도였다. 1864년 크라이스트처치 대성당을 짓기 시작했다. 1974년 코먼웰스 게임이 개최됐다. 2010-2012년 사이에 지진으로 피해를 입었다. 크라이스트처치의 경제는 농업, 제조업, 관광에서 활발하다.

그림 38 **뉴질랜드의 크라이스트처치 대성당, 골판지 성당**

크라이스트 처치 대성당은 성공회 대성당이다. 1864-1904년 사이에 지었다. 고딕 앵글리칸 스타일이다. 성당광장은 도시중심부로 도시의 상징이다. 1881년, 1888년, 1901년, 1922년, 2010년 지진으로 첨탑이 반복해서 손상됐다. 2011년 규모 6.3의 지진은 첨탑과 건물을 파괴했다. 2013년부터 골판지(cardboard) 성당에서 예배를 보고 있다. 골판지 성당 건너편에 지진으로 사망한 사람들을 기리는 의자가 설치되어 있다.그림 38

그림 39 **뉴질랜드 크라이스트처치의 트램**

크라이스트처치 트램웨이 시스템은 1882년에 시작됐다. 마차, 증기, 전기 트램 이 차례로 운행됐다. 전기 트램이 1905-1954년 기간에 캐시미어에서 파파누이까지 운행됐다. 1954년 이후 교통 수단은 버스로 대체됐다. 1995년 중앙 도시 루프 헤리티지 트램이 관광 용도로 재개됐다. 길이 2.5km였다. 2015년 하이 스트리트까지 1.4km 루프로 확장됐다.그림 39

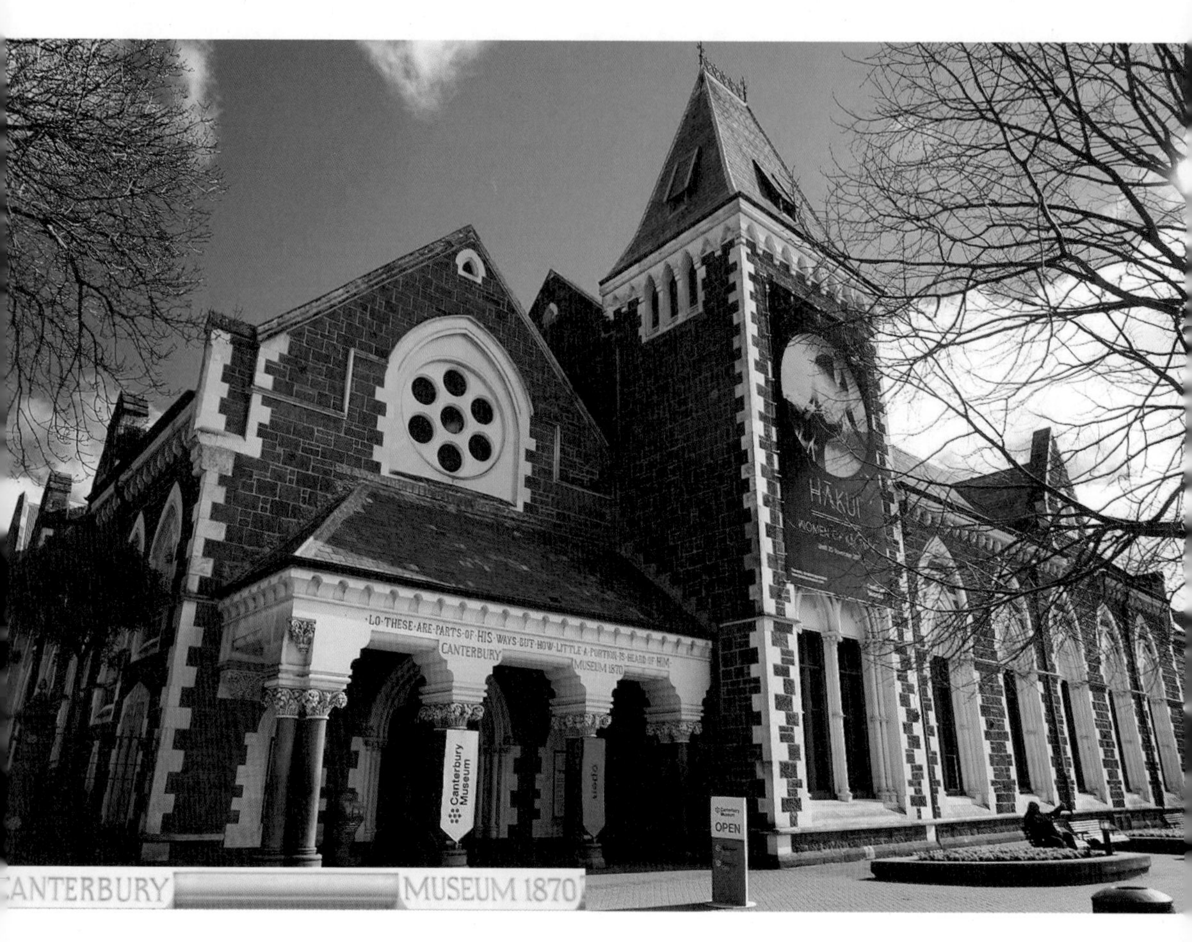

그림 40 **뉴질랜드 크라이스트처치의 캔터베리 박물관**

캔터베리 박물관(Canterbury Museum)은 크라이스트처치 중심 문화지구에 있다. 해글리 공원 근처다. 박물관 맞은 편에 크라이스트처치 아트 센터가 있다. 박물관은 1870년에 고딕 리바이벌 양식으로 문을 열었다. 1872년 빅토리아 고딕 양식의 추가 층이 들어섰다. 1876년 또다른 추가 건물이 건축됐다. 1882년 내부 안뜰이 지붕으로 덮혔다. 1958년 크라이스트 칼리지 옆에 새로운 별관이 지어졌다. 1990년대 중반에 건물이 보강됐다. 1995년에는 4층 블록이 보강됐다. 박물관은 2011년에 크라이스트처치 지진으로 외관이 손상됐다. 그러나 소장품의 95%는 무사했다. 1987-1995년 기간 동안 건물을 강화하고 개조한 결과라는 진단이 있다. 박물관은 2023년에 이르러 내진보강과 함께 재개발에 들어갔다.

박물관에는 캔터베리 개척의 역사, 마오리 문화, 유럽 이민자의 역사와 생활양식 등이 역사적인 자료와 함께 전시되어 있다. 크라이스트처치는 남극의 관문이다. 이런 연유로 크라이스트처치의 역사와 남극 탐험에 관한 자료와 표본이 소장되어 있다. 뉴질랜드 나라새 키위(Kiwi)와 멸종한 큰새 모아(Moa) 등 조류 박제가 전시되어 있다. 2020년 컨셉 아트 디자인이 공개됐다. 캔터베리 박물관은 1986년에 뉴질랜드 유산의 역사적 장소로 등재됐다.그림 40

그림 41 **뉴질랜드의 크라이스트처치 아트 센터**

크라이스트 아트 센터는 크라이스트처치의 예술, 문화, 교육, 창의성 정신의 중심지다. 1878년에 지었다. 고딕 리바이벌 양식이다. 22개 건물로 구성되어 있다. 특별 예술과 문화 행사를 개최했다. 극단 활동의 무대였다. 1990년 뉴질랜드 유산으로 등재됐다. 2011년에 지진으로 손상됐다.그림 41 크라이스트처치 아트 갤러리는 공공 미술관이다. 2003년에 개관했다. 1932년에 문을 연 로버트 맥두걸 미술관을 대체한 미술관이다. 뉴질랜드와 국제 전시회 프로그램을 운영한다. 상당한 미술품이 소장되어 있다.

그림 42 **뉴질랜드 크라이스트처치의 해글리 공원과 식물원 현판**

해글리 공원은 시민들이 선호하는 도시 광장이다. 1856년 개장했다. 면적은 1.65㎢다. 경마장, 국제 박람회, 테니스 선수권 대회, 서커스, 콘서트, 추도식 등이 열렸다. 골프, 럭비, 축구, 크리켓, 테니스 등 스포츠 시설이 있다. 공원 옆에 크라이스트처치 식물원이 있다. 1863년 영국 참나무를 심으면서 설립됐다. 면적은 21ha다. 뉴질랜드 정원, 중앙 장미원, 록 가든, 진달래와 목련 정원, 수선화 숲, 우드 랜드 등이 있다.그림 42

그림 43 뉴질랜드 남섬 아오라키/마운트쿡, 태즈먼 호수, 후커 호수

06 남섬의 여러 지역

1953년 남섬에 **아오라키/마운트쿡 국립공원**이 지정됐다. 면적 721.6㎢다. 공원에 빙하, 호수, 고산이 있다. 크라이스트처치에서 서쪽으로 322km, 퀸즈타운에서 북쪽으로 255km 떨어져 있다. 1990년에 유네스코 세계문화유산으로 등재됐다.

아오라키/마운트쿡은 남섬 남알프스 산맥에 있다. 줄여서 「마운트쿡」이라 부른다. 아오라키는 '구름 봉우리'라는 뜻이다. 쿡은 영국 탐험가 제임스 쿡의 이름이다. 2014년 기준으로 높이 3,724m다. 로우 피크(3,593m), 미들 피크(3,717mt), 하이 피크의 세 봉우리로 구성되어 있다. 1939년 뉴질랜드 산악인 힐러리가 쿡산 근처의 고도 1,933m 올리비어산을 등정했다. 마운트쿡 동쪽에 태즈먼 빙하가, 남서쪽에 후커 빙하가 있다. 태즈먼 빙하에서 떨어져 나온 빙하가 태즈먼 호수를 만들었다. 태즈먼 호수는 2013년 기준으로 길이 7km, 표면적 6.91㎢, 깊이 200m다. 후커 호수는 길이 2.5km, 최대 깊이 136m, 지표면 표고 877m다.그림 43

그림 44 **뉴질랜드 남섬 아오라키/마운트쿡, 푸카키 호수, 테카포 호수**

남섬 매켄지 분지의 북쪽 가장자리를 따라 남북으로 푸카키, 테카포, 오하우의 3개 고산 호수가 있다. 빙퇴석이 계곡을 막아 만든 빙퇴석 호수다. 푸카키 호수는 면적 178.7㎢, 깊이 47m, 고도 518.2-532m다. 빙하 가루로 만들어진 파란색을 띤다. 태즈먼 빙하와 후커 빙하에서 발원한 태즈먼강으로부터 물을 공급받는다. 테카포 호수는 면적 87㎢, 깊이 69m, 고도 710m다. 남알프스에서 발원한 가들리강과 매컬리강으로부터 물을 공급받는다. 남알프스에서 녹은 눈은 빙하 실트에서 나온 밝은 청록색을 나타낸다. 「밀키 블루」라고도 한다. 뉴질랜드의 댐, 호수, 저수지는 수력 발전, 관개, 도시 용수로 활용된다.그림 44

그림 45 **뉴질랜드 남섬의 선한 목자 교회와 목양견 콜리 조각상**

1935년 테카포 호수 근처에 선한 목자 교회가 세워졌다. 교회 창문에서 마운트쿡과 테카포 호수를 볼 수 있다. 선한 목자 교회 인근에 목양견 콜리 조각상을 세웠다. 1966년 브론즈로 주조했다. 매켄지 주민들이 목양견의 필수적인 역할을 인정해서 만든 양몰이개(sheepdog) 동상이다.그림 45

그림 46 **뉴질랜드 퀸즈타운, 리마커블산, 애로우타운 카페 간판**

퀸스타운(Queenstown)은 남섬의 리조트 타운이다. 28.36㎢ 면적에 2022년 기준으로 15,800 명이 거주한다. 주변지역을 포함한 인구는 49,500명이다. 와카티푸 호수 베이에 위치했다. 리마커블스, 세실 피크, 월터 피크 산에 둘러싸여 있다. 1853년 유럽인이 와카티푸 호수를 확인했다. 1862년 애로우강에서 금이 발견됐다. 인구가 수 천명으로 늘어났다. 금이 고갈되면서 수 백명으로 줄었다. 금광 도시 애로우타운에는 금 발견 당시의 역사적 흔적을 볼 수 있다. 오늘날 퀸스타운은 상업, 관광 활동이 이뤄진다.그림 46

Queenstown은 1850년에 아일랜드인들이 빅토리아 여왕을 기리기 위해 개명했다고 알려졌다. 마오리어는 '얕은 만'이라는 뜻의 Tahuna(타후나)다. 1863년「퀸스타운」지명이 공식화됐다.

그림 47 **뉴질랜드 카와라우 협곡 현수교의 번지 점프**

남섬 오타고 지역 카와라우 협곡 현수교에서 번지 점프가 시작됐다. 다리 아래 43m에 카와라우강이 흐른다. 현수교는 1880년대 말 센트럴 오타고로 가는 금광 접근로로 건설됐다. 현수교는 보행, 자전거 도로로 쓰였다. 현수교는 뉴질랜드 사적지로 분류됐다. 현재는 짚라인과 번지점프 장소로 활용된다. 1963년 6번 고속도로 교량으로 교통이 옮겨졌다. 퀸즈타운에는 번지점프 외에 패러글라이딩, 골프, 제트보트, 스키, 스노우보드 스포츠가 이뤄진다.그림 47

1953년에 개통한 호머 터널을 지나면 **밀퍼드 사운드**가 나온다. 밀퍼드 사운드 가는 길에 거울 호수와 빙하 지형 U자곡을 볼 수 있다. 밀퍼드 사운드 남쪽으로 118km 거리에 피오르드랜드 길목 도시 테아나우가 있다.

그림 48 **뉴질랜드의 밀퍼드 사운드**

밀퍼드 사운드는 남섬의 피오르드랜드 국립공원에 입지한 피오르드다. 표면적이 25㎢, 최대 깊이가 291m다. 1990년 테와히포우나무의 일부로 유네스코 세계자연유산에 등재됐다. Milford Sound(밀퍼드 사운드)는 웨일스의 밀퍼드 헤이븐에서 유래해 붙인 지명이다. 마오리어로 피오피오타히(Piopio-tahi)라고 한다. '피오피오 새'라는 뜻이다.그림 48

그림 49 **뉴질랜드 밀퍼드 사운드의 보웬 폭포와 스털링 폭포**

밀퍼드 사운드에는 보웬 폭포와 스털링 폭포가 흘러내린다. 보웬 폭포는 높이가 161m다. 전 뉴질랜드 총독 부인의 이름이다. 스털링 폭포는 높이가 151m다. 클리오 호 함장의 이름이다. 태즈먼 해(海)가 15km 안쪽의 밀포드 사운드까지 이어져 있다.그림 49

그림 50 **뉴질랜드 더니든**

더니든(Dunedin)은 남섬 오타고 지방에 있는 도시다. 255㎢ 면적에 2022년 기준으로 주변 지역 포함 130,400명이 거주한다. 도시명은 스코틀랜드 에든버러의 게일어 Dùn Èideann에서 유래됐다. 1848년 이후 스코틀랜드 자유교회가 세웠다. 1960년대 골드 러시로 급성장했다. 1869년 오타고대학교가 설립됐다. 길이 350m의 볼드윈 스트리트는 경사도가 1.5인 가파른 거리다. 2014년 유네스코 문학의 도시로 지정됐다.그림 50

뉴질랜드는 1840년 와이탕이 조약으로 영국과 마오리와의 공존을 도모했다. 공식 언어는 영어, 마오리어, 뉴질랜드 수화다. 주요 산업은 식품 가공, 농목업, 임업, 관광, 금융 서비스다. 2022년 1인당 명목 GDP는 47,278달러다. 노벨상 수상자가 3명 있다. 국교는 없다. 2013년 기독교는 47.7%였다. 수도는 웰링턴이다. 북섬과 남섬의 중간에 있다. 북섬에는 오클랜드, 로토루아가 있다. 남섬에는 크라이스트처치, 퀸즈타운, 더니든이 있다. 북섬에 와이토모 동굴이, 남섬에 아오라키/마운트쿡 국립공원과 밀퍼드 사운드가 있다.

IX

남아시아

SRINAGAR
JAMMU AND KASHMIR
DHARMSHALA
HIMACHAL PRADESH
CHANDIGARH
DEHRADUN
PUNJAB
UTTARA-KHAND
NEW DELHI
HARYANA
UTTAR PRADESH
LUCKNOW
JAIPUR
RAJASTHAN
GANGTOK
ARUNACHAL PRADESH
ITANAGAR
SHILLONG
ASSAM
KOHIMA
DISPUR
IMPHAL
AGARTALA
AIZAWL
PATNA
BIHAR
RANCHI
WEST BENGAL
KOLKATA
JHARKHAND
GANDHINAGAR
BHOPAL
MADHYA PRADESH
CHHATTISGARH
GUJARAT
NAYA RAIPUR
BHUBANESHWAR
ODISHA
MAHARASHTRA
MUMBAI
TELANGANA
HYDERABAD
PANAJI
GOA
ANDHRA PRADESH
KARNATAKA
CHENNAI
TAMIL NADU
KERALA

48

인도 공화국

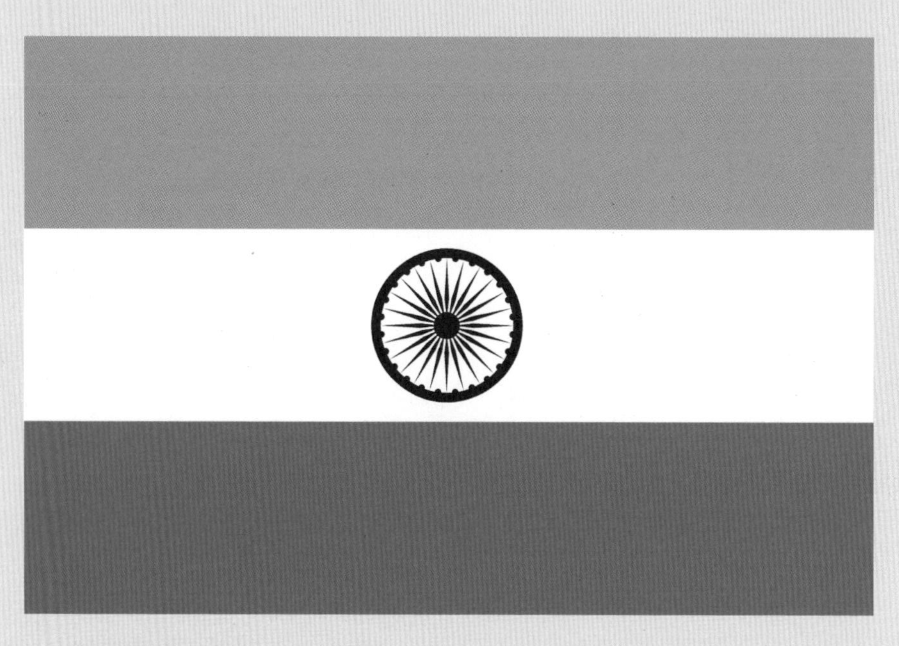

그림 1 인도 공화국 국기

01 인도 전개과정

인도의 공식명칭은 인도 공화국이다. 힌디어로 Bhārat Gaṇarājya(바라트 가느라지야)라 한다. 영어로 Republic of India로 표기한다. 약칭으로 인도, 인디아, 바라트, India로 쓴다. 3,287,263㎢ 면적에 2022년 기준으로 1,417,173,173명이 거주한다.

인도 지명은 India, Bharat, Hindustan과 연관해 설명한다. BC 3300년경에 인더스강 계곡에서 문명이 시작됐다. 문명이 출발한 이 강에 기반하여 India(인디아)라는 말이 유래됐다. 이 땅의 원주민은 Bharata(바라타)라 칭했다. 바라타 원주민 부족의 고향을 Bharat(바라트)라 말했다. 바라타는 힌두 문학에 나오는 전설적인 왕의 이름이기도 하다. Indus(인더스)는 산스크리트어로 Sindhu(신두, 大河)라 했다. BC 850-BC 600년 기간에 「S」 대신에 「H」로 소리가 바뀌어 Hindu(힌두)라 표기했다. 신두와 힌두 모두 '경계 강'이란 뜻이다. Hindustan은 페르시아어로 'Hindu의 땅'이란 뜻이다.

인도의 국기는 1947년 제정됐다. 인도 사프란, 흰색, 인도 녹색의 수평 직사각형 삼색기다. 가로 줄무늬 가운데에 아소카 차크라가 그려져 있다. 아소카 차크라는 24개의 스포크 휠을 가진 남색 법륜(法輪)이다. 인도 사프란은 강건과 용기를, 하얀색은 진리와 평화를, 인도 녹색은 번영과 성장을 뜻한다. 남색 법륜은 아소카의 사자상에 새겨져 있는 법륜이다. 아소카는 BC 268-BC 232년에 재위한 마우리아 제국의 황제였다.그림 1

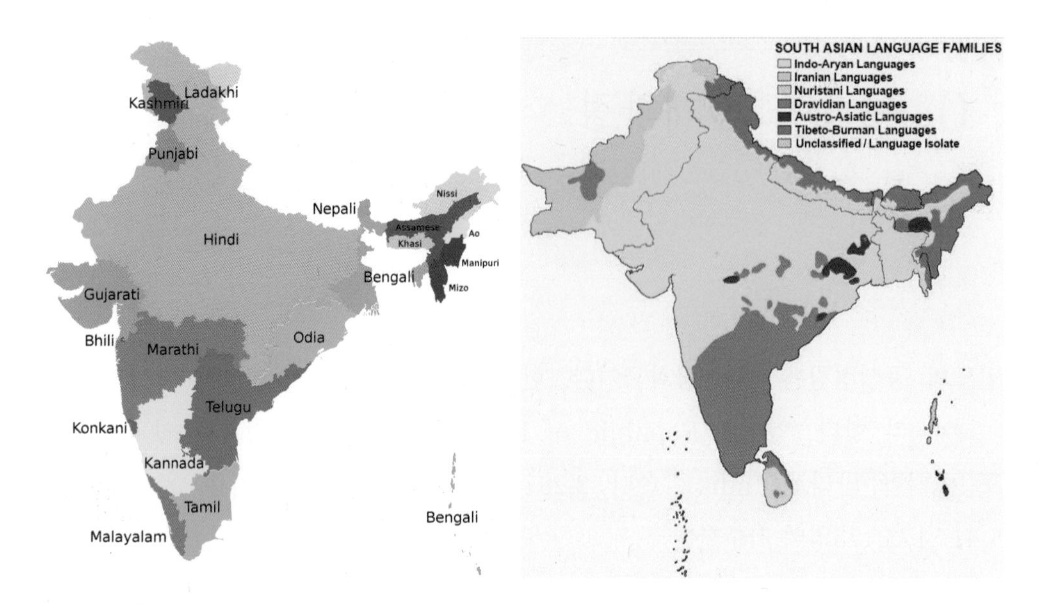

그림 2 **인도의 언어와 어족 분포**

인도 공식 언어는 힌디어와 영어다. 힌디어는 데바나가리(Devanagari) 문자로 된 언어다. 영어는 1947년부터 공식 언어로 사용됐다. 1835년부터 법으로 영어를 교육하도록 했다. 인도에는 22개 언어가 공식 언어로 예정되어 있다. 2011년 기준으로 인도의 언어는 힌디어 43.6%, 벵골어 8%, 마라티 6.9%, 텔루구어 6.8%, 타밀어 6.7%, 구자라트어 4.6% 등이다. 힌디어는 인도 북부 대부분 지역에서 공용어 역할을 한다. 힌디어는 힌두스탄어로 표준화되고 산스크리트화 했다. 델리의 고대 힌디어 방언과 북인도 지역 언어를 기반으로 했다. 9개 주와 3개 연방의 공식 언어다. 인도의 어족은 78.1%가 구사하는 인도 아리아어족과 19.6%가 쓰는 드라비다어족으로 나뉜다. 2009년 연구에 따르면 현대 인도 조상은 1,200-3,500년 전에 북부 인도(ANI)와 남부 인도(ASI)로 나누어졌다고 한다.그림 2

인도의 지형은 북부의 히말라야산맥, 중부 인더스강과 갠지스강 유역의 인도 평원, 남부 반도부(部)의 세 지역으로 나뉜다. 북부의 고산은 인도와 티베트의 경계를 이룬다. 인도와 네팔 국경의 칸첸중가산은 높이 8,586m다. '다섯 개의 눈의 보고'라는 뜻이다. 중부 인더스강과 갠지스강 유역은 인도와 파키스탄의 농업지대다. 상류는 밀 산지다. 중류와 하류는 쌀 산지다. 인더스강은 티베트에서 발원하여 히말라야와 카슈미르를 거친다. 파키스탄 중앙을 관통해 아라비아해로 흘러간다. 길이 3,180km다. 갠지스강은 히말라야 산맥에서 발원해 인도를 거쳐 벵골만에 흘러든다. 갠지스강은 바라나시, 하리드와르 등의 힌두 성지를 지난다. 길이 2,510km다. 남부 반도부는 고원이다. 서쪽에 서고츠산맥이, 동쪽에 동고츠산맥이 있다. 인도 기후는 열대, 고산, 툰드라까지 다양하다.

인도의 역사는 ① 고대 인도 ② 고전기 인도 ③ 중세 ④ 근대 ⑤ 현대로 나누어 고찰할 수 있다.

① 고대 인도

인더스 문명은 BC 3300년-BC 1700년 기간에 전개된 청동기 문명이다. 인더스 문명 성숙기는 BC 2600-BC 1900년 사이이다. 오늘날 인도의 구자라트, 하랴나, 펀자브, 라자스탄과 파키스탄의 신드, 펀자브, 발루치스탄 지역이다. 하라파는 인더스강 상류 펀자브의 수도로, 모헨조다로는 하류 신드의 수도로 추정한다. 모헨조다로(Mohenjo-Daro)는 4,500년 전 인더스 계곡에 건설됐다. '죽음의 언덕'이라는 뜻이다. 파키스탄 신드 라르카나에 있다. 홍수 등 침식에 대비해 인공 기단 위에 건설된 계획도시다. 대목욕장, 사제왕 석상, 인골 유적이 발굴됐다. 1980년 유네스코 세계문화유산에 등재됐다.그림 3

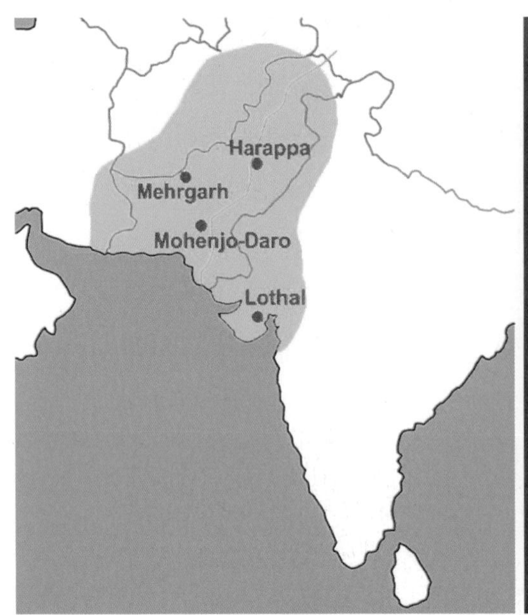

그림 3 **인더스 계곡 문명과 모헨조다로의 사제왕 석상**

베다 시대는 BC 1500년에 시작됐다. 농경 사회였다. 힌두스탄 평원에서 베다를 근간으로 한 인도아리아인의 문명이 시작됐다. 베다 시대에 힌두교가 성립됐다. BC 1500년 전후부터 오랜 기간에 걸쳐 「베다(Veda)」가 만들어졌다. 베다는 '지식'이란 뜻이다. 베다는 산스크리트어로 쓰여진 힌두교와 브라만교 정전(正典)이다. 인도 신화에 근원을 둔 자연신 숭배의 찬미가다. 베다 이후 카스트 제도가 형성됐다. 네 신분인 브라만, 크샤트리아, 바이샤, 수드라의 카스트 제도는 바르나라 불렸다. 베다 시대는 BC 500년까지 펼쳐졌다.

베다 시대 후기에 힌두스탄 평원에 16개의 국가로 이뤄진 십육대국 시대가 등장했다. 십육대국은 BC 1000년-BC 500년 기간에 성쇠를 거듭했다. BC 6세기에 샤캬 공화국의 왕자였던 「싯다르타 가우타마」가 불교를 창시

그림 4 **불교 창시자 석가모니와 마하보디 대탑**

했다. 샤캬 공화국은 오늘날 네팔이다. 싯다르타는 석가모니, 가우타마 붓다라고도 한다. BC 528년 35세에 완전한 깨달음을 얻었다. 인도 부다가야에 높이 55m의 마하보디 대탑이 있다. 싯다르타가 깨달음을 얻은 곳이다. 5-6세기에 세웠다. 2002년 유네스코 세계문화유산에 등재됐다. 석가모니는 인도 갠지스강 근처 사르나트에서 첫 설법을 시작했다. 설법을 시작한 석가모니 부처상이 475년에 제작됐다.그림 4 BC 6세기에 마하비라가 자이나교를 창시했다.

② 고전기 인도

마우리아 제국은 BC 322-BC 185년 기간 존속했던 고전기 인도 제국이다. BC 322년「찬드라굽타 마우리아」는 마가다의 난다 왕조를 무너뜨리고 마우리아 제국을 창건했다. 그는 동쪽으로 벵골까지, 서쪽으로 발루치스탄, 파키스탄, 동부 아프가니스탄의 힌두쿠시 산맥까지 영토를 확장했다. BC 268-BC 232 기간 재위한 3대 황제 아소카는 대부분의 인도 아대륙을 통일해 전성기를 구축했다. BC 185년 군사 정변으로 마우리아 제국은 멸망했다.

마우리아 제국은 무역로 그랜드 트렁크(Grand Trunk) 로드를 건설해 인도 아대륙 북부의 동쪽과 서쪽을 연결했다. 찬드라굽타 마우리아는 자이나교로 개종해 남아시아에 전파했다. 아소카는 불교를 수용해 스리랑카, 북서인도,

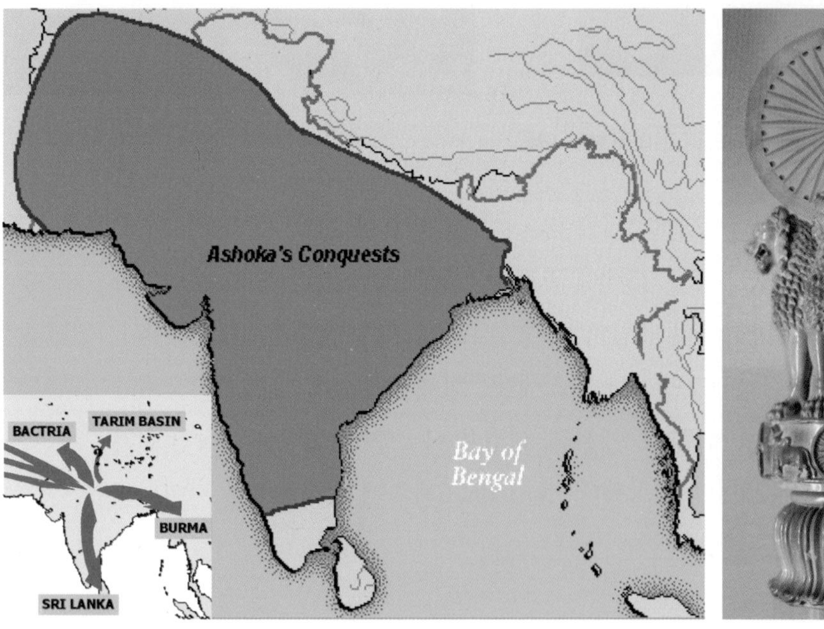

그림 5 마우리아 제국의 아소카 시대 영토, 불교 전파, 아소카 사자상

중앙아시아, 동남아시아, 이집트, 헬레니즘 유럽에 전파했다. 아소카의 사자상은 인도의 국장으로 사용되고 있다. 인도 국기 흰색 중앙에 아소카차크라가 그려져 있다. 아소카가 사용한 24개의 바퀴살로 된 법륜 문양이다.그림 5

굽타 제국은 240-550년 사이에 존속했던 고대 인도 제국이다. 스리굽타가 설립했다. 이민족들을 몰아내고 북인도를 통일하면서 민족 의식이 싹텄다. 브라만교의 인도 민간신앙과 불교를 융합한 힌두교가 국민들의 지지를 받았다. 굽타 제국은 힌두교를 확산시켰다. 힌두 문학, 과학, 건축, 조각, 회화 등이 발달했다. 아리아바타는 원주율 값을 3.1416으로 계산했다. 삼각법, 방정식, 제곱근, 세제곱근 등을 연구했다. 브라마굽타는 0의 개념을 제시했다. 「같은 두 수를 빼면 0이 된다」고 했다. 굽타 시대에 10진법이 출발했다. 수학에 기반해 천문학이 발달했다. 아잔타 석굴 사원은 굽타 불교 미술 양식이다.

③ 중세

550년 굽타 왕조가 붕괴되면서 중세 시대가 열렸다. 중세는 1526년 무굴 제국 등장까지 이어졌다. 북인도에서는 여러 왕조가 부침했다. 남인도 힌두 왕국은 동남아시아·이슬람권과 교역했다. 8세기에 이슬람이 오늘날 파키스탄에 해당하는 인도 영토를 정복했다. 10세기 이후 하층민은 신분제의 힌두교보다 평등 사상의 이슬람교를 선호했다. 델리 술탄 왕조가 1206-1526년 기간에 북인도를 지배했다. 힌두교에 대해 관대했다. 남인도에는 힌두 왕조가 있었다.

④ 근대

무굴 제국은 1526-1857년 기간 존속했던 인도 근대 제국이다. 오늘날의 인도 북부와 중부, 파키스탄, 아프가니스탄을 다스렸던 이슬람 국가다. 무굴은 '몽골'이라는 뜻이다. 인도 페르시아식 발음이다. 무굴이 몽골계라 자처해 공식 국호를 「구르카니」라 했다. 티무르 왕조가 칭기스칸계 보르지긴 일족과의 결혼으로 「구르칸(부마)」의 칭호를 사용한 데서 비롯됐다. 티무르 왕조에 속한 바부르는 델리 술탄국의 로디 왕조를 정복해 무굴 제국을 세웠다. 악바르와 아우랑제브는 북인도와 중부 데칸에 걸친 제국을 구축했다. 무굴 제국은 이슬람교 이외의 다른 종교도 포용했다. 건축, 문학, 음악에서 힌두 문화와 튀르크-페르시아 문화를 융합했다. 무굴 제국의 샤 자한 때 타지마할 궁전이 세워졌다. 1498년 포르투갈이, 1605년 네덜란드가, 1608년 영국이 인도에 들어왔다. 1857년 무굴 제국은 영국에 의해 멸망했다.그림 6

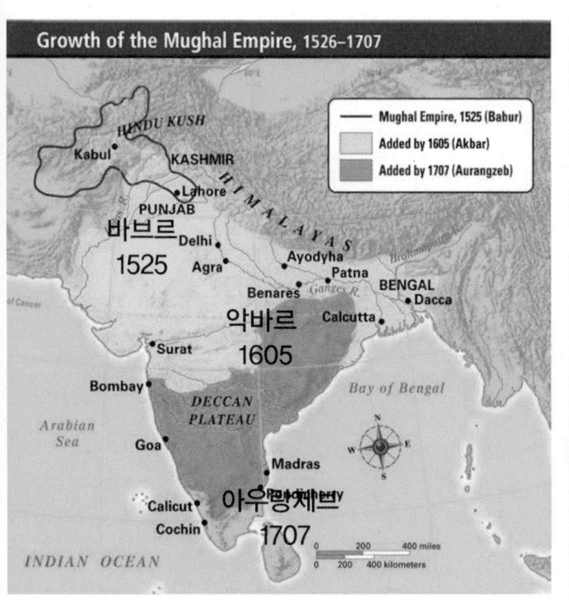

그림 6 **무굴 제국 영토 확장과 샤 자한의 타지마할 궁전**

그림 7 **인도 독립 운동 지도자 마하트마 간디와 자와할랄 네루**

영국은 1858-1947년 기간 「영국령 인도」를 지배했다. 1600년 설립한 동인도 회사는 엘리자베스 1세로부터 특허를 얻어 동인도 무역을 독점했다. 동인도 회사에서는 인도 용병 세포이가 일했다. 1857년 인도 용병 중심으로 반영(反英) 세포이 항쟁이 일어났다. 세포이 항쟁 이후 무굴 제국이 영국에 의해 무너졌다. 1858-1876년 사이에 동인도 회사가 인도를 간접 통치했다. 1877년 인도 제국이 설립됐다. 인도는 영국 여왕이 직접 다스리는 영국 직할령이 되었다. 1914년 제1차 세계 대전 때 영국은 인도의 독립을 약속했으나 전쟁 후 파기했다. 이에 인도 민족지도자 마하트마 간디는 「비폭력, 불복종 운동」으로 반영운동을 펼쳤다. 자와할랄 네루는 파업과 투쟁적인 독립 운동을 전개했다.그림 7 제2차 세계 대전 이후 1947년 인도 공화국이 건국됐다.

⑤ 현대

1952년 인도는 선거를 통해 자와할랄 네루를 총리로 선임해 인도 공화국을 건국했다. 힌두교 중심의 국가다. 1962년 중화인민공화국과 국경분쟁을 겪었다. 1980년대 시크교도들이 펀자브 지방의 독립을 요구했다.

1947년 파키스탄 이슬람 공화국이 성립됐다. 영국 국왕을 원수로 하는 영국연방으로 출발했다. 영토는 파키스탄과 방글라데시를 포함한 지역이었다. 무슬림 중심의 국가다. 1956년 영국연방에서 독립했다.

1971년 방글라데시 인민 공화국이 성립됐다. 두 개의 파키스탄 가운데 하나였던 방글라데시 지역은 1955년 동파키스탄이 되었다. 동파키스탄은 언어, 정책 등으로 서파키스탄과 갈등했다. 인도가 동파키스탄의 독립을 지지했다. 1971년 '벵골의 나라'라는 뜻의 방글라데시가 탄생했다.

영국 경제학자 앵거스 매디슨은 기원후 1년부터 2003년까지 주요 경제국의 세계 GDP에 대한 글로벌 기여도를 추정했다. GDP 생산량 기준으로 1년부터 18세기까지 인도와 중국이 가장 큰 경제국가였다.그림 8

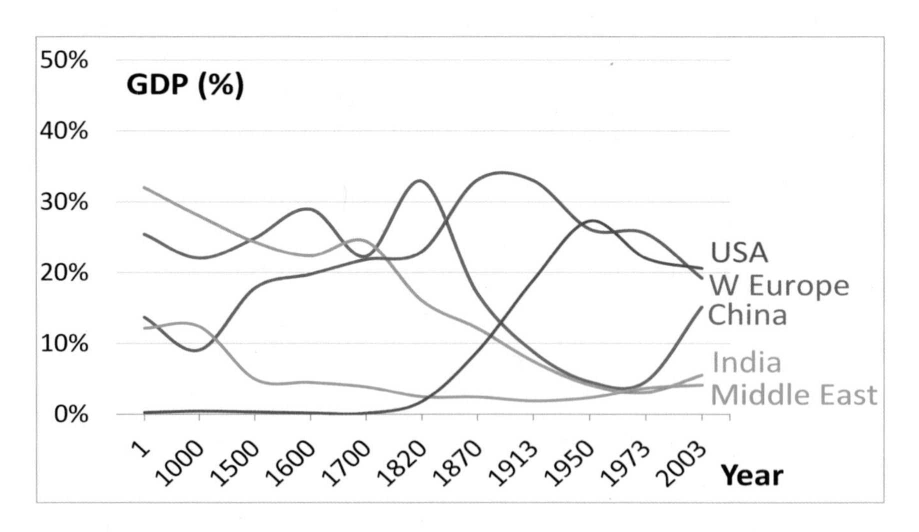

그림 8 **인도의 세계 GDP에 대한 글로벌 기여도**

인도 경제는 혼합 계획 경제에서 혼합 시장 경제로 전환했다. 1947년 독립부터 1991년까지 소련식 계획 경제를 폈다. 국가 개입과 경제 규제로 보호주의를 장려했다. 냉전 종식과 1991년 국제수지 위기로 경제 자유화를 채택했다. 1995년 세계무역기구에 가입했다. 2021-2022년 기준으로 부문별 GDP는 농업 18.8%, 산업 28.2%, 서비스 53%다. 의약, IT, 화학, 관광, 농업, 건설, 섬유, 통신, 석유, 자동차, 전자 상거래가 활성화되어 있다. 천연 자원, 광업, 석탄, 시멘트, 철강, 전기 생산국이다.

2019년 기준으로 직업별 노동력은 농업 42.6%, 산업 25.1%, 서비스 32.3%로 농업 노동력이 가장 크다. 인도는 1961년 대량 기근에 직면했었다. 펀자브는 풍부한 농업용수, 비옥한 인더스 평야, 성공적인 농업 역사를 가진 지역이었다. 인도는 펀자브를 중심으로 식물 육종, 관개 개발, 농약 조달에 대한 녹색 혁명 프로그램을 진행했다. 「기적의 쌀」이라 불리는 IR8을

그림 9 **인도 녹색 혁명 주도 지역 펀자브 농촌**

개발했다. 인도는 성공적인 쌀 생산국이 되었다. 펀자브는 「인도의 빵 바구니」라는 명성을 얻었다. 인도는 쌀 수출국이다. 그림 9

인도 수출품은 제조제품 70.8%, 연료 광산 제품 17.3%, 농산물 11.5%다. 수출 파트너국은 미국, 아랍에미리트, 중국, 방글라데시, 네덜란드 등이다. 2022년도 1인당 GDP는 2,466달러다. 2022년 국가별 GDP는 3,468,566백만 달러로 세계 5위다. 노벨상 수상자가 12명 있다.

2011년 기준으로 인도의 종교는 힌두교 966,257,353명(79.8%), 무슬림 172,245,158명(14.2%), 기독교 27,819,588명(2.3%), 시크교 20,833,116명(1.72%), 불교 8,442,972명(0.7%), 자이나교 4,451,753명(0.37%)이었다.

힌두교는 영어로 Hinduism으로 표기한다. 힌두이즘은 영국이 인도 종교에 붙인 이름이다. 산스크리트어로는 사나타나 다르마(Sanātana Dharma)라 한다. '영원한 법'이란 뜻이다. 인도 신화와 브라만교를 기반으로 구축된 인도의 민족 종교다. 다신교다. 힌두교 경전 『베다』는 BC 1500년경부터 산스크리트어로 쓰였다. 베다에는 『리그베다』, 『야주르베다』 등이 있다. 후기 힌두교의 이론과 사상을 집대성한 『우파니샤드』가 있다. 우파니샤드는 '(스승) 가까이에 앉는다'라는 뜻이다.

힌두교의 삼주신(三主神)은 브라흐마, 비슈누, 시바다. 브라흐마신은 우주를 생성하고, 비슈누신은 우주를 발전시키며, 시바신은 우주를 소멸시킨다. 힌두교의 기본 교의는 우주론과 윤회다. 브라흐만(Brahman)은 '우주의 진리'를 뜻한다. 힌두교의 목표는 '참된 나'인 아트만이 브라흐만과 하나가 되는 것이다. 윤회(Samsara)는 수레바퀴로 상징된다. 인간은 이번 생애에서 다음 생애로 돌아간다고 한다. 힌두교에서는 소를 신성시한다. 인도에는 힌두교 순례지 Char Dham(차담)이 많다. 대표적인 순례지는 동쪽의 푸리, 서쪽의

그림 10 **힌두교의 순례지, 경전『베다』, 스와미나라얀 악샤르담 사원**

드와르카, 남쪽의 라메스와람, 북쪽의 바드리나트다. 인도에는 2,000,000개 이상의 힌두사원이 있다. 1984년에 코나크 선 사원, 1986년에 카주라호 기념비 그룹, 1987년에 파타다칼 사원, 그레이트 리빙 촐라 사원, 2021년에 라마파 사원이 유네스코 세계문화유산에 등재됐다. 델리의 스와미나라얀 악샤르담 사원은 2005년에 세워졌다. 사원 복합 단지는 수천 년에 걸친 인도 전통, 현대 힌두 문화, 영성과 건축양식을 보여주는 사원으로 알려졌다. 현대적인 통신 방식과 기술로 여러 전시장을 만들었다. 인도 이외에도 캄보디아 앙코르와트, 인도네시아 브사키 사원, 파키스탄 슈리 스와미나라얀 만디르, 방글라데시 다케슈와리 사원 등의 힌두사원이 있다.그림 10

15세기말 구루 나나크는 시크교를 창시했다. 시크교(Sikhism)는 인도 아대륙 펀자브에서 기원한 인도 종교 철학이다. 시크는 '교육, 학습, 가르침'이란 뜻이다. 시크교의 지도자를 구루라 했다. 하나의 신 「와해구루」를 믿는 일신교다. 찬양, 명상, 자선 등을 강조한다. 둥그렇게 두른 터번 파그리(pagri)를 쓴다. 시크교의 성지는 인도 암리차르 황금사원이다.

인도에는 고대부터 사회 계급 신분제인 카스트가 있다. 카스트에는 바르나(Varna, 색갈)와 자티(Jati, 출생)의 개념이 있다. 바르나는 계급을 말한다. 피부색을 따진다. 자티는 가문의 직업과 신분을 말한다. 인도의 카스트는 4계층이다. 브라만은 성직자, 학자, 승려 등이다. 크샤트리아는 왕족, 무사, 관료, 군인, 경찰관 등이다. 바이샤는 서민, 자작농, 상인 등이다. 수드라는 노예, 소작농, 어민, 노동자 등이다. 카스트 바깥 계층은 불가촉 천민 하지라가 있다. 베다 경전은 「모든 카스트는 브라흐마에게서 나왔다」고 지적한다. 카스트의 기원은 BC 1300년 전후로 보고 있다. 이 시기에 아리아인의 일부가 인도에 들어와 선주민(先住民)인 드라비다인과 오스트로아시아 계통의 문다인을 정복해 계급화했다고 설명한다.

02 수도 뉴델리와 올드 델리

수도 뉴델리

뉴델리는 인도 공화국의 수도다. 대통령, 의회, 대법원이 있다. 올드 델리는 타운이었다. 델리 술탄 국, 무굴 제국, 인도 제국의 수도였다. 영국이 설계해 건설한 신도시를 뉴 델리(New Delhi)라 부르고, 옛날부터 있던 타운을 올드 델리(Old Delhi)라 부른다. 올드 델리를 줄여서 델리라 말하기도 한다.

델리의 공식 명칭은 델리 국가수도직할구(National Capital Territory of Delhi, NCT)다. NCT는 1,484㎢ 면적에 2011년 기준으로 16,787,941명이 거주한다. 델리는 야무나강 연안에 위치했다. 델리의 수도권은 중앙 정부, NCT 선출 정부, 3개의 지방 자치 단체가 공동으로 관리하는 인도의 특별 연합 구역이다. 델리의 대도시와 델리의 수도권은 같은 범위이며 동일한 실체로 간주한다. 2001년 기준으로 인구 200,000명 이상의 NCT 도시는 델리 9,817,439명, 나자프가르 1,365,500명, 나렐라 501,511명, 뉴델리 294,783명 등이다.

1985년에 국가 수도권(National Capital Region, NCR)이 설정됐다. 55,083㎢ 면적에 2011년 기준으로 46,069,000명이 거주한다. 국가 수도권은 델리, 하리아나, 우타르 프라데시, 라자스탄을 포괄하는 권역이다. 주요 도시는 델리, 파리다바드, 가지아바드, 구르가온, 노이다 등이다. 델리 지역은 중앙델리,

그림 11 **인도 국가 수도권과 델리 지역**

동델리, 서델리, 남델리, 북델리, 남동델리, 북동델리, 남서델리, 북서델리 등 방향별로 보다 세분해서 지역을 구분한다.그림 11

1911년까지 인도의 수도는 콜카타였다. 콜카타에서 반식민 반영 운동이 심해지면서 수도를 옮기게 되었다. 1911년 인도 황제 조지 5세는 대관식 공원에 총독 관저의 초석을 놓았다. 1931년 뉴델리 건설이 완료됐다. 철도가 개통됐다. 총독의 집, 중앙 사무국, 국회의사당, 인도 전쟁 기념관, 인디아 게이트, 쇼핑 지구, 코노트 광장이 건설됐다. 오늘날 뉴델리는 정부 기능이 수행되는 행정 도시다. 뉴델리에서는 정보, 통신, 금융, 미디어 기능이 이뤄진다.

그림 12 뉴델리 라즈파트에서 본 북쪽 블록(左), 대통령 관저 돔, 남쪽 블록(右)

그림 13 **대통령 관저 라슈트라파티 바반의 본관, 자이푸르 기둥, 정원, 야경**

뉴델리는 라즈파트(Rajpath)와 잔파스(Janpath)라는 두 개의 중앙 대로를 중심으로 구성되어 있다. 라즈파트는 왕의 길(King's Way)이라 불렸다. 대통령 관저인 라스트라파티 바반에서 인디아 게이트까지의 대로다. 라즈파트는 인도 공화국의 의식대로다. 매년 1월 26일 공화국 기념일 퍼레이드가 열린다. 잔파스는 여왕의 길(Queen's Way)이었다. 힌디어로「인민의 길」이라 한다. 코노트 교차로에서 시작해 라즈파트를 직각으로 자르며 뻗어있는 길이다. 근처에 위치한 샨티파트는 19개의 외국 대사관이 있는 외교 지역이다. 샨티파트는 '평화의 길'이란 뜻이다. 도시 중심부의 라이시나 힐에 대통령 관저와 행정 청사가 있다. 라즈파트에서 보면 왼쪽에 행정 청사 북쪽 블록이, 중앙에 대통령 관저 돔이, 오른쪽에 행정 청사 남쪽 블록이 보인다.그림 12

라슈트라파티 바반(Rashtrapati Bhavan)은 대통령 관저다. 1912-1931년 기간에 지었다. 1947년까지 총독의 집으로 사용됐다. 독립후 1947-1950년 사이에 정부 청사로 썼다. 1950년 초대 대통령이 이 건물을 사용하면서 대통령 관저인 라슈트라파티 바반으로 이름이 바뀌었다. 4개의 층과 340개의 방으로 구성되어 있다. 건물 높이는 55m, 바닥 면적은 19,000㎡다. 에드워디안 바로크 디자인이다. 본관에는 응접실, 사무실, 도서관, 홀, 연회장, 거실, 식당 등이 있다. 본관 이중 돔 아래에 있는 더르바르 홀은 500명이 들어간다. 1947년 8월 15일 자와할랄 네루가 총리 취임을 선서한 곳이다. 연회장으로 지은 아소카 홀은 32×20m의 직사각형 방이다. 천장에는 페르시아 왕실 사냥 원정대 그림이, 벽에는 프레스코화(畵)가 있다. 본관 앞 안뜰 중앙에 자이푸르 기둥이 있다. 뒤쪽 철문에서도 기둥이 보인다. 자이푸르의 마하라자 마도 싱 2세가 뉴델리 수도 이전을 기념해 세운 기념비다. 1930년에 완성됐다. 뒷마당의 정원은 무굴 스타일로 설계됐다. 대통령 관저의 외관은 야경에서도 잘 드러난다.그림 13

그림 14 **인도 뉴델리의 정부 청사 중앙 사무국**

그림 15 **인도 뉴델리의 인디아 게이트와 아마르 자완 죠티**

인도 정부 청사는 중앙 사무국 또는 사무국 건물이라 부른다. 1912-1927년 기간에 지었다. 바닥 면적이 13,700m^2다. 대통령 관저 옆에 있는 대칭 건물인 북쪽 블록(North Block)과 남쪽 블록(South Block)의 두 블록이다. 북쪽 블록에는 재무부, 내무부, 세무 중앙위원회가 있다. 남쪽 블록에는 총리실, 국방부, 외무부, 내각관방, 국가안보회의가 있다. 북쪽 블록은 재무부를, 남쪽 블록은 외무부를 지칭하는 경우가 있다. 라즈파트 대로에서 보면 좌측에 북쪽 블록이, 우측에 남쪽 블록이 위치했다. 중앙 사무국 동쪽에 인디아 게이트가 있다.그림 14

India Gate(인디아 게이트)는 뉴델리 라즈파트의 동쪽 끝에 있는 전쟁 기념 아치다. 전에는 듀티 패스라 불렸다. 13,313명의 군인 이름이 새겨져 있다. 1914-1921년 사이 전쟁에서 전사한 군인들이다. 1921-1931년 기간에 지었

그림 16 **인도 뉴델리의 국립 전쟁기념관**

다. 높이 42m, 길이 9.1m다. 「개선문의 창조적 재작업」이라고 평가했다. 1971년 인디아 게이트 아래에 Amar Jawan Jyoti(아마르 자완 죠티) 전쟁 기념 구조물이 세워졌다. 아마르 자완 죠티는 '불멸의 병사 불꽃'이란 뜻이다. 방글라데시 전쟁에서 순교한 인도 군인들을 추모하기 위해 지었다. 높이는 4피트 3인치이고, 바닥은 15제곱피트다. 중앙에는 높이 3피트 2인치의 받침대가 있다. 전쟁 헬멧으로 덮인 거꾸로 된 라이플이 검은색 대리석 주각으로 만들어져 있다. 구조물의 사면에는 「불멸의 병사(Amar Jawan)」라는 뜻의 금색 글귀가 힌디어로 새겨져 있다. 받침대가 놓여 있는 메인 플랫폼의 네 모서리에는 불꽃이 들어 있는 항아리가 있다. 압축 천연 가스로 밝히는 영구적인 불꽃(jyoti)이다. 인도 무명 용사의 무덤으로 사용됐다.그림 15

국립 전쟁 기념관은 인도를 위해 싸운 인도 군인을 기리려고 세운 국가 기념물이다. 고아 전쟁, 파완 작전, 락샤크 작전, 파키스탄과 중국과의 충돌 등에서 순교한 군인들의 이름이 황금 글씨로 기념비 벽에 새겨져 있다. 2019년

그림 17 **인도 뉴델리의 간디 스므리티와 순교자의 기둥 기념비**

완공됐다. 면적이 40에이커다. 2022년 인디아 게이트의 아마르 자완 죠티와 국립 전쟁 기념관의 성화가 합쳐졌다. 국립 전쟁 기념관에는 중앙에 오벨리스크가 있다. 바닥에는 불멸의 군인을 나타내는 「영원한 불꽃」이 타오르고 있다. 4개의 동심원이 고대 인도의 전쟁 포메이션인 차크라뷰(Chakravyuh)로 설계되었다. 4개의 동심원은 불멸의 원 아마르 차크라, 용기의 원 베르타 차크라, 헌신의 원 티그 차크라, 보호의 원 락샤크 차크라다.그림 16

간디 스므리티(Gandhi Smriti)는 간디가 생애 마지막을 보내고 암살된 장소다. 1928년 인도 기업가 비를라가 침실 12개짜리로 지은 집이었다. 간디는 1947년 9월 9일부터 암살당하는 1948년 1월 30일까지 144일간 이곳에서 머

그림 18 **인도 뉴델리 간디의 화장터 라즈가트**

물렀다. 간디는 현재 순교자의 기둥이 서 있는 곳에서 총에 맞았다. 1948년 1월 30일 오후 5시 17분이었다. 그때 그는 79세였다. 이 건물이 1973년 대중에 공개되면서 건물 이름이 간디 스므리티(Gandhi Remembrance)로 바뀌었다. 간디 스므리티에는 간디가 머물렀던 방, 공개 산책하던 길 등이 있다. 건물에 있는 박물관에는 간디의 삶과 죽음과 관련된 자료, 유품, 사진, 도서, 기사 등이 소장되어 있다.그림 17

라즈가트(Raj Ghat)는 간디가 1948년 1월 31일에 화장되어 유골이 묻힌 곳이다. 라즈가트 중앙에는 검은 대리석의 네모난 플랫홈이 있다. 중앙에 간디가 마지막으로 남긴 말인 "라마(신이여)!"가 새겨 있다.그림 18 간디는 유니버시티 칼리지 런던에서 법학사를 취득한 법조인이었다. 키가 165cm이고, 몸무게는 46.7kg이었다. 본명은 모한다스 카람찬드 간디다. 마하트마(Mahatma)라는 칭호로 불렸다. '위대한 영혼'이라는 뜻이다. 인도의 시인 타고르가 붙여줬다고 알려져 있다. 간디의 사상은 아힘사(비폭력), 사티아그라하(진리), 브라흐마차리아(금욕), 아파리그라하(무소유) 등으로 대표된다. 불살생을 실천하려고 채식을 했다. 신실한 힌두교도였다. 여러 종교가 공존하는 인도를 꿈꿔 기독교 성경과 다른 종교 경전을 많이 읽었다. 간디는 1947년 독립 후 인도와 파키스탄이 분리된 것을 「정신적 비극」이라 했다. 간디는 힌두교도였다.

그림 19 **인도 뉴델리의 국립 박물관과 석가모니 유물**

그는 이슬람교와의 화해를 도모했다. 그러나 힌두교 과격파는 간디가 힌두교 교리를 부정하고 무슬림을 인정한다고 생각해 적대시했다. 간디는 힌두교 극단주의 청년에게 암살당했다. 라즈가트 북쪽에 네루의 화장터인 샨티 반이 있다. 샨티 반은 「평화의 정원」으로 불리는 공원이다.

뉴델리는 관료주의, 정치 체제, 다인종, 다문화가 존재하는 국제 도시다. 국가 행사와 종교 축제가 많이 열린다. 공화국 기념일, 독립기념일, 간디 생일 등을 기념한다. 자유의 상징으로 연을 날린다. 박물관과 미술관이 많다. 부다 자얀티 공원, 로디 정원, 대통령 관저 정원, 라즈파트와 인디아 게이트를 따라 있는 정원 등이 있다.

인도 국립 박물관은 뉴델리에 있는 국립 박물관이다. 1949년에 설립됐다. 컬렉션 규모는 206,000개체(個體)다. 춤추는 소녀 조각상, 상아 조각 다샤브타르, 부처의 삶을 묘사한 상아 조각 엄니, 제이드, 아코타 브론즈, 조각된 나무 바하나 등이 소장되어 있다. 갤러리 소장품은 하라판, 쿠샤나, 굽타, 중

그림 20 **뉴델리의 힌두교 락슈미나리얀 사원, 기독교 성심 성당, 시크교 예배당**

세, 장식 예술, 미니어처 그림, 불교 유물, 인도 문자와 동전, 중앙 아시아, 해양 유산, 콜럼버스 이전으로 나누어 전시한다. 서양 예술, 나무 조각, 무기와 갑옷 갤러리도 있다. BC 3세기 아소카 황제가 지은 사리탑에서 나온 부처의 유물이 보관 전시되어 있다.그림 19

뉴델리의 종교는 2011년 기준으로 힌두교 89.8%, 무슬림 4.5%, 기독교 2.9%, 시크교 2.0%, 자이나교 0.4%다. 락슈미나라얀 사원은 1933-1939년 사이에 지은 힌두교 사원이다. 이 사원은 비를라 가족이 인도 전역에 세운 비를라 사원 가운데 첫 번째 사원이다. 델리에 지어진 최초의 대형 힌두교 사원이다. 사원의 면적은 3ha다. 정원에는 사당, 분수, 힌두교 조각이 있다. 크리슈나 잔마슈타미와 힌두교의 고타마 붓다 축제 때 수천 명이 모인다. 성심 대성당은 1929년에 지은 로마 가톨릭 성당이다. 일년 내내 기독교 종교 예배가 열린다. 1919년에 설립한 예수와 마리아의 수녀원, 1941년에 세운 세인트 콜롬바 학교와 함께 코노트 플레이스 남쪽 끝에 있다. 구루드와라 방글라 사히브는 시크교 예배당이다. 1664년 방갈로로 사용했다. 1783년에 시크교 사당으로 개조했다. 1947년 현재의 예배당 구조가 세워졌다.그림 20

그림 21 **인도 뉴델리의 바하이 연꽃 사원**

연꽃 사원(Lotus Temple)은 종교에 상관없이 모든 사람에게 열려 있는 바하이 예배당이다. 인도의 국화인 연꽃을 형상화한 사원이다. 1977-1986년 기간에 지었다. 19세기에 창시된 바하이 신앙은 모든 인류의 정신적 융합을 강조하는 유일신 종교다. 사원은 27개의 독립형 대리석으로 덮인 「꽃잎」이 3개의 클러스터로 배열되어 9개의 면을 형성하고 있다. 사원 중앙 홀의 높이는 34.27m, 지름은 70m, 부지 면적은 105,000㎡다. 중앙 홀의 문은 9개다. 내부 지붕은 콘크리트 프레임과 프리캐스트 콘크리트 늑골 지붕으로 되어 있다. 사원 주변에 9개의 연못이 있다. 2017년 사원 옆에 교육관이 세워졌다.그림 21

코노트 플레이스는 공식적으로 라지브 초크라 한다. 상업, 비즈니스 중심지다. 코노트와 스트래던의 공작 아서 왕자의 이름을 따서 명명됐다. 1929-1933년 기간에 조성됐다. 1995년 지명이 라지브 초크로 바뀌었다. 전 인도 총리 라지브 간디 이름에서 따왔다. 코노트 플레이스 아래에 들어선 지하철역은 라지브 초크 지하철역이라고 명명했다. 이 지역은 나무로 덮여 있는 능선이었다. 인도 제국이 새로운 수도를 건설하면서 이곳을 중심업무지구로 설계했다. 개발 과정에서 하누만 사원, 자이나교 사원, 잔타르 만타르 등 3개의 구조물은 보존됐다. 여러 상업 시설이 들어섰다. 1932-2017년 기간 운영한 「리갈 시네마」에서 콘서트, 연극, 발레가 공연됐다. 1936년에 세운 호텔

그림 22 **인도 뉴델리의 코노트 플레이스**

「더 임페리얼 뉴델리」에서 간디, 네루, 알리 진나 등이 인도 분할과 파키스탄의 탄생에 대해 논의했다. 1933년에 조성된 센트럴 파크에서는 콘서트를 비롯한 각종 문화 행사가 개최된다. 센트럴 파크 중앙에 인도 국기가 게양됐다. 2014년 게양된 국기 크기는 27m×18m였다. 게양되는 기둥 길이는 63m다. 2012년 예술행사「유나이티드 버디 베어스」가 열렸다. 실물 크기의 유리 섬유 곰 조각품을 전시하는 예술 프로젝트로 2001년 베를린에서 시작됐다. 1970년대 후반에 지하시장 팔리카 바자르가 문을 열었다. 2017년 코노트 플레이스 일부 구역을 보행자 전용구역으로 지정하겠다는 계획이 발표됐다. 코노트 플레이스는 영화 촬영지로 활용되고 있다.그림 22

인디라 간디 국제공항은 뉴델리와 델리 연방 수도권 공항이다. 면적은 2,066ha다. 뉴델리 도심에서 16km 떨어진 델리 팔람에 있다. 1930년에 건설된 사프다중 공항이 1962년 팔람으로 이전했다. 1986년 국제 터미널이 확충되면서 인디라 간디 국제공항으로 이름이 변경됐다. 인디라 간디는 페로제 간디의 부인이다. 라지브 간디, 산제이 간디의 어머니다. 1984년 암살됐다. 2021-2022년 기간의 인디라 간디 국제공항 승객수는 39,338,998명이

그림 23 **인도 뉴델리의 인디라 간디 국제공항**

다. 80개의 항공사가 취항한다. 현재 3개의 여객 터미널과 화물 터미널이 있다. 입국 심사대 너머 벽에는 뻗어나온 하스타 무드라(Hasta Mudra) 조각이 있다. 하스타는 '손'을, 무드라는 '제스처, 표시, 봉인'을 뜻한다. 하스타 무드라는 손으로 표현하는 손짓이다. 다양한 감정, 표현, 의미를 전달하고 소통하는 데 사용된다.그림 23

뉴델리의 대기 오염은 개선해야 할 도시 과제다. WHO의 세계 1,650개 도시 조사와 2022년 미국 건강영향연구소의 세계 7,000개 도시 조사에서 뉴델리의 대기질은 가장 나쁜 수준으로 평가됐다. 인도의 대기 오염은 매년 2,000,000명의 목숨을 앗아가는 것으로 추정됐다. 인도는 만성 호흡기 질환과 천식으로 인한 사망률이 세계에서 가장 높다. 10월부터 2월까지 대기 오염이 심해진다. 대기 오염의 원인으로 비자야다샤미 동안 조각상 태우기, 디왈리 기간 동안 폭죽 터뜨리기, 농작물 그루터기 연소, 소똥 케이크 연소, 쓰레기 소각, 도로 먼지, 차량 배기 가스, 디젤 발전기 매연, 건설 현장의 먼지, 화력 발전, 산업 점오염원 등을 지적한다. 델리는 요리할 때 90%가 LPG를 사용한다. 나머지 10%는 나무, 농작물 찌꺼기, 소똥, 석탄을 태워서 사용한다. 대기 오염 대응책으로 폭죽 판매 금지, 2018년 바다르푸르 발전소 영구 폐쇄, CNG 버스 운행, 디젤과 휘발유 자동차 운행 제한 등이 시행됐다.그림 24

그림 24 **인도 뉴델리의 대기 오염 스모그**

올드 델리

델리 명칭은 BC 50년에 이곳에 도시를 건설한 Raja Dhilu 왕의 이름에서 비롯됐다는 전설이 있다. 델리 지명과 관련해 Delhi, Dehli, Dilli, Dhilli, Dhillu 등의 여러 명칭이 논의되어 왔다.

델리는 야무나강 범람원에 위치했다. 야무나 범람원은 농업에 적합한 비옥한 충적토를 제공하지만 홍수에 취약했다. 델리 수도권 면적 1,484㎢ 가운데 784㎢ 규모의 땅이 농촌으로 지정됐다. 야무나 강은 습지와 연못을 조성해 주었다. 500개 이상의 연못은 조류의 서식처를 만들어줘 새들이 날아온다. 델리 도시를 둘러싸고 있는 델리 능선은 남쪽의 아라발리 산맥에서 시작하고 있다. 높이가 318m다.그림 25

그림 25 **인도 델리와 야무나강**

그림 26 **인도 델리 술탄국의 꾸뜹 미나르와 비문**

델리는 1214년에 델리 술탄국, 1526년에 무굴 제국, 1911년에 인도 제국의 수도였다. 뉴델리는 1947년에 인도 자치령, 1950년에 인도 공화국, 1956년에 연합 영토의 수도였다. 1992년 2월 1일에 수도권이 정해졌다.

BC 400-200년 사이의 문건『마하바라타』에 인드라프라스타가 나온다. 인드라프라스타는 뉴델리 올드 포트 지역이라고 설명한다. 델리 스리니바스푸리 근처에서 마우리아 시대 아소카 황제(BC 273-BC 235)의 비문이 발견됐다.

1206-1526년 기간에 델리 술탄국(Delhi Sultanate)이 존속했다. 델리에 기반을 둔 이슬람 제국이다. 중세 인도 시대 동안 인도 아대륙의 대부분을 지배했다. 꾸뜹 미나르(Qutb Minar) 유적이 남아 있다. 토마르 왕조가 세운 요새 도시 랄 코트의 꾸뜹 단지에 있는「승리의 탑」이다. 1199-1220년 기간에 세워졌다. 높이 72.5m다. 붉은색과 회색 사암으로 된 5층 구조다. 12개의 반원

그림 27 인도 델리 후마윤의 영묘

형 기둥과 12개의 플랜지 기둥이 번갈아 가며 배치되어 있다. 표면은 비문과 기하학적 패턴으로 장식되어 있다. 이슬람 건축과 남아시아 디자인의 융합을 상징한다. 이슬람 건축가의 관리 아래 힌두교 장인이 건축했다. 힌두교도 장인이 꾸란에 익숙하지 않아 비문은 꾸란 텍스트와 다른 아랍어 표현으로 정리됐다고 설명한다. 1993년 유네스코 세계문화유산에 등재됐다.그림 26

델리 술탄국에는 이슬람교 신비주의 분파인 수피즘(Sufism)이 있었다. 수피즘에서는 독자적인 춤과 노래로 신과 일치되려 한다. 수피는 '양모'를 뜻하는 수프에서 파생됐다. 수피즘은 하얀 양모로 짠 옷을 입었다. 하얀 양모는 금욕과 청빈을 상징한다.

1526-1857년 기간에 무굴 제국(Mughal dynasty)이 델리를 중심으로 인도를 지배했다. 1526년 오늘날 우즈베키스탄 페르가나 계곡 출신인 바부르가 술탄국을 누르고 무굴 제국을 세웠다. 바부르는 징기스칸과 티무르의 후예였다. 올드 델리는 1638년부터 무굴 제국의 수도 역할을 했다.

후마윤은 무굴 제국 제2대 황제였다. 1540년 후마윤은 수르 왕조에게 패해 페르시아 사파비 왕조로 망명했다. 1555년 델리로 돌아와 무굴 제국을 재건했다. 1556년 도서관에서 실족사했다. 사망 후 후마윤은 델리의 푸라나 퀼라에 있는 그의 궁전에 묻혔다. 1562-1570년 기간에 후마윤의 미망인 베가 베굼의 후원으로 후마윤 영묘가 만들어져 이장했다. 1571년 후마윤의 아들 악바르 황제가 무덤을 방문했다. 1857년 인도 반란 동안 무굴 제국의 왕자 등이 이곳으로 피신했다. 후마윤의 영묘는 정원식 무덤이다. 1993년 유네스코 세계유산에 등재됐다.그림 27

그림 28 **인도 델리의 붉은 요새와 라호리 문**

올드 델리에 있는 「레드(Red) 포트」는 무굴 제국 황실 가족의 거주지였다. 「축복받은 요새」로 알려졌다. 레드 포트라는 이름은 힌디어 Lāl Qila에서 파생 번역된 말이다. '빨간색 요새'라는 뜻이다. 1639-1648년 기간에 완성했다. 샤 자한 황제가 추진했고 라호리가 건물 디자인을 맡았다. 라호리는 타지마할을 건설한 건축가다. 빨간색과 흰색으로 된 붉은 요새는 무굴 건축의 정점으로 평가됐다. 붉은 요새의 소유권은 무굴 제국(1638-1771), 마라타 제국(1771-1803), 영국령 인도(1803-1947), 인도 정부(1947-현재)로 변천해 왔다. 1739년 예술품과 보석을 약탈당했다. 1857년 인도 반란 이후 요새 대리석 구조물 대부분이 영국군에 의해 철거됐다. 방어벽은 거의 손상되지 않았다. 이후 요새는 수비대로 사용됐다. 1947년 8월 15일 초대 총리 네루는 「라호리 문」 위에 인도 국기를 게양했다. 매년 인도 독립기념일인 8월 15일에 총리는 요새의 정문에 인도 삼색기를 게양한다. 2007년 레드 포트 컴플렉스가 유네스코 세계문화유산으로 등재됐다.그림 28

자마 마스지드(Jama Masjid)는 델리에 있는 모스크다. 자마 마스지드는 '회

그림 29 **인도 델리의 자마 마스지드와 이슬람 축제 이드**

중 모스크'라는 뜻이다. 1650-1656년 사이에 샤 자한 황제가 지었다. 모스크에는 25,000명이 함께 모일 수 있다. 자마 마스지드의 길이는 40m, 너비는 27m다. 2개의 미나렛이 있다. 미나렛의 높이는 41m다. 붉은 사암과 대리석으로 건설됐다. 이슬람 축제인 이드(Eid) 때 이슬람 교도들이 자마 마스지드에 함께 모인다. 이드는 '축제, 잔치'라는 뜻이다. 이드는 무슬림이 가족이나 무슬림 공동체와 함께 모여 축하하는 행사다. 이슬람 음력에 따라 두 개의 이드가 있다. 작은 이드인 이드 알 피트르는 과자 등을 나누는 과자 축제다. 큰 이드인 이드 알 아드하는 이브라힘의 순종과 믿음을 기념하는 행사다.그림 29

그림 30 **인도 델리 메트로와 인력거**

1803년 델리에서 치뤄진 앵글로-마라타 전쟁에서 영국 동인도 회사 군대가 마라타 군대를 눌렀다. 1857년 델리 공성전에서 동인도 회사의 군대가 델리를 점령했다. 1858년 델리는 영국의 직접 통제 지역으로 바뀌어 펀자브 지방의 한 타운이 되었다. 1911년 12월 12일 영국령 영토의 수도가 콜카타에서 델리로 이전됐다. 영국이 건설한 신수도는 1927년 「뉴델리」라 명명됐다. 1931년 뉴델리가 완공됐다. 뉴델리는 1947년 인도 공화국의 수도가 되었다. 인도 분할 기간 동안 펀자브 출신 힌두교와 시크교도 500,000명이 델리로 옮겼다. 델리에 살던 300,000명의 무슬림이 파키스탄으로 이주했다.

델리의 산업은 정보 기술, 통신, 호텔, 은행, 미디어, 관광업이다. 건설, 전력, 건강, 서비스, 부동산, 소매 산업도 활발하다. 카리 바올리는 17세기부터 운영된 델리의 도매 시장이다. 바올리는 '계단 우물'을, 카리는 '짠 것'을 뜻한다. 샤 자한 황제 통치 기간에 이곳에 목욕에 사용되는 식염수 계단식 우물이 있었다 한다.

델리 메트로는 고속 지하철 시스템이다. 1998-2002년 기간에 개통됐다. 인도 수도권의 델리, 가지아바드, 파리다바드, 구르가온, 노이다, 바하두르

가르를 운행한다. 시스템은 지하, 지상, 고가 역이 혼합되어 있다. 역에는 에스컬레이터, 승강기, 촉각 타일이 있어 시각 장애인을 안내한다. 2021년 기준으로 메트로는 길이 348.12km, 역수 255개, 색상 코드 10개 라인으로 구성되어 있다. 버스는 델리 전체 수요의 절반을 넘는다. 1998년 인도 대법원은 차량 오염 해결책으로 대중 교통 차량은 압축 천연 가스(CNG) 연료를 사용해야 한다고 판결했다. 적색과 녹색 버스는 압축 천연 가스를 쓴다. 개인 자동차는 2007년 기준으로 전체 운송의 30%를 차지한다. 2017년 기준으로 델리 차량수는 천만 대를 넘었다. 짧은 거리를 이동할 때는 사이클 인력거와 자동 인력거 오토 릭샤가 활용된다.그림 30

그림 31 **인도 아그라 요새**

03 아그라와 자이푸르

아그라

아그라는 우타르프라데시 야무나 강변에 있는 고대 도시다. 121㎢ 면적에 2011년 기준으로 1,585,704명이 거주한다. 아그라 대도시권 인구는 1,760,285명이다. 뉴델리에서 210km 떨어져 있다. 아그라 주변 지역은 평원이다. 도시 평균 고도는 170m다.

Agra는 '염전'을 뜻하는 힌디어 아가르(agar)에서 유래했다. 이 곳이 한때 기수(汽水, brackish water) 지역이어서 수분 증발로 소금을 생산했다 한다.

1504년 델리 술탄국의 시칸다르 로디가 로디 왕조를 창건했다. 아그라를 수도로 정했다. 아그라는 왕실, 관리, 상인, 학자, 신학자, 예술가가 활동하는 이슬람 중심지가 되었다. 1526년에 바브르가 로디 왕조를 누르고 무굴 제국을 건국했다. 아그라는 무굴 제국의 수도가 되었다. 후마윤이 바부르를 이어 황제가 됐다. 그 이후 악바르, 자한기르, 샤 자한, 아우랑제브가 차례로 무굴 제국을 통치했다. 1526-1648년 무굴 제국 기간에 교육, 예술, 상업, 종교의 중심지였다. 1648년 샤 자한이 수도를 델리로 천도했다. 1658년 황제 아우랑제브가 전체 궁정을 델리로 옮겼다. 무굴제국이 쇠퇴하면서 아그라는 마라타, 동인도 회사에 함락되어 지방 소도시로 주저 앉았다. 1947년 독립 후 관광이 활성화됐다.

그림 32 **인도 아그라 악바르의 영묘**

아그라 요새(Agra Fort)는 1565-1573년 기간에 악바르가 건설했다. 면적은 38ha다. 수도가 델리로 이전되기 전까지 무굴 왕조 통치자의 거주지였다. 1785년까지 무굴 제국이 사용했다. 이후 마라타 제국(1785-1803), 대영제국(1803-1947)이 관리하다가, 1947년 인도 정부로 이관됐다. 아그라 요새는 타지마할과 2.5km 떨어져 있다. 외벽은 붉은 사암으로, 내부 건물은 하얀 대리석으로 지었다. 1983년 유네스코 세계유산에 등재됐다. 아그라 요새에 자한기르 마할, 자한기르 하우즈, 샤자하니 마할, 가즈닌문, 자한기르의 정의 사슬, 무삼만 버즈, 자로카, 셰시 마할 등의 유적지가 있다.그림 31

악바르의 영묘는 1605-1613년 사이에 자한기르가 지었다. 아그라에서 서

그림 33 **인도 아그라의 자한기르 마할**

북서쪽으로 8km 떨어진 시칸드라에 있다. 영묘는 105㎡의 벽 울타리로 둘러싸여 있다. 영묘 주변에 넓은 정원이 있다. 짙은 붉은 사암, 흰색 대리석, 검은 슬레이트를 사용해 지었다. 아우랑제브 통치 기간에 반란군에 의해 영묘가 약탈됐다. 1905년에 영묘의 수리와 복원이 이뤄졌다. 남쪽 문은 흰색 대리석 차트리 탑 첨탑 4개가 있다. 영묘 건물은 4층 피라미드다. 가묘(假墓)로 된 대리석 파빌리온이 위에 있고, 진짜 무덤은 지하실에 있다. 영묘에서 1km 떨어진 곳에 아내 마리암 후즈 자마니의 무덤이 있다. 그녀는 종교적 관용과 확장으로 다민족 다종교 포용 정책을 보여주었다고 한다.그림 32

자한기르 마할은 아그라 요새 내부의 제나나다. 제나나는 왕가에 속한 여성들을 위한 궁전이다. 악바르가 지었다. 자한기르 통치 동안 이곳은 그의 아내와 샤 자한 어머니의 거주지였던 것으로 추정됐다. 자한기르 하우즈(Jahangir Hauz)가 있다. 하나의 돌로 깎아 만든 모놀리식 탱크 욕조다. 높이 5피트, 지름 8피트, 둘레 25피트다. 1611년 악바르가 아내를 위해 만들었다. 악바르 궁전 안뜰 근처에서 처음 발견됐다. 여러 곳에 있다가 아그라 요새 자한기르 마할로 옮겼다.그림 33

타지 마할(Taj Mahal)은 아그라 야무나강 우안에 있다. 타지마할은 '궁전(mahall)의 왕관(tāj)'이란 뜻이다. Taj는 Mumtaz의 두 번째 음절이 손상되어 유래되었다고 설명한다. 1631-1653년 기간에 샤 자한이 지었다. 사랑하는 부인 뭄타즈 마할을 위해서다. 타지마할에는 샤 자한과 뭄타즈 마할의 영묘가 있다. 샤 자한은 19세의 아르주만드 바누 베굼과 결혼했다. 샤 자한의 아내는 결혼 후 '궁전의 장미'라는 뜻의 「뭄타즈 마할」이란 경칭이 붙여졌다. 1631년 뭄타즈 마할은 14번째 자녀를 낳은 후 38세 나이로 운명했다. 7명의 자녀가 성인이 될 때까지 생존했다. 뭄타즈 마할의 여섯 번째 자녀인 아우랑제브가 샤 자한의 뒤를 이어 황제가 됐다.

타지마할은 「인도 이슬람 예술의 보석」이라는 명성을 얻었다. 1983년 유네스코 세계문화유산에 등재됐다. 미국 대통령 아이젠하워(1959), 빌 클린턴(2000)과 영국 엘리자베스 2세 여왕(1961), 러시아 푸틴 대통령(1999), 중국 후진타오 국가주석(2006), 이스라엘 네타냐후 총리(2018), 캐나다 트뤼도 총리(2018) 등이 타지마할을 방문했다.

타지마할은 17ha 규모의 복합 단지다. 영묘, 정원, 부속 건물이 있다. 타지마할 높이는 73m다. 타지마할 조성에는 20,000명의 장인이 참여했다. 타지마할은 무굴 건축이다. 페르시아, 인도, 이슬람의 건축 양식이 융합됐다고 설명한다. 본관 안의 메인 챔버에는 샤 자한과 뭄타즈 마할의 가묘가 있다. 실제 영묘는 아래층에 있다.그림 34

그림 34 **인도 아그라의 타지마할 전경**

그림 35 **인도 아그라의 타지마할 출입구 이완, 돔 상부 첨탑, 정원**

영묘는 타지마할 중심에 있는 백색 대리석 건물이다. 정사각형의 대리석 토대 위에 세웠다. 영묘로 들어가는 입구는 이완(iwan)이라 한다. 이완은 아치형으로 된 직사각형 공간이다. 3면이 벽으로 둘러싸여 있고 한쪽 끝이 열려 있다. 이완으로 통하는 공식적인 관문은 페르시아어로 피스타크(pishtaq)라 한다. 건물 한 면의 길이는 55m다. 건물의 4면이 모두 이완을 1개씩 가지고 있다. 그 옆에 2층의 발코니가 이완과 유사한 구조로 지어져 있다. 이완과 발코니는 어디에서 봐도 좌우 대칭을 이룬다. 이런 연유로 타지마할은 조형미와 대칭미를 지녔다고 평가한다.그림 35

타지마할의 돔은 높이가 35m다. 7m 높이의 원통형 기초대 위에 세워져 있어 높아 보인다. 돔은 중간이 볼록하고 위쪽으로 갈수록 유선형으로 휘어진다. '양파 돔', '구아바 돔'이라 불린다. 1개의 주 돔 주위에 4개의 보조 돔이 세워져 있다. 4개의 보조 돔 아래 바닥이 뚫려 있어 외부 빛이 타지마할 내부를 비춰준다. 주 돔의 첨탑은 순금이었다. 19세기에 청동으로 교체됐다. 첨

탑의 꼭대기에는 이슬람의 상징인 휘어진 초승달 조각이 있다. 연꽃 무늬가 새겨져 있다.그림 35

4개의 미나레트 첨탑이 영묘를 둘러싸고 있다. 첨탑의 높이는 각각 40m다. 기도할 시간을 알려주었다는 첨탑이다. 각각의 미나레트에는 2개의 발코니가 있다. 발코니로 나뉜 3개의 층은 미나레트를 삼등분하고 있다. 미나레트를 바깥쪽으로 기울게 지어 미나레트가 무너져도 본관을 훼손하지 않도록 했다.

타지마할의 외부 장식은 치장용 벽토, 물감, 석조, 조각들로 이루어져 있다. 장식은 이슬람 서예 캘리그라피, 식물, 추상적인 그림이 주를 이룬다. 서예는 이슬람 경전 꾸란의 구절을 아랍어로 써 놓았다. 타지마할의 대문 위에 "오 영혼이여, 예술을 통해 평안을 얻으라, 주님께 돌아가 안식을 얻으라, 그리고 그분과 함께 평화를 얻으리라"라는 내용의 구절이 있다. 글씨는 아래쪽에서 올려다볼 때 잘보이도록 위로 올라가면서 커진다. 캘리그라피와 장식은 백색 대리석을 파낸 후, 그 홈에 황색 대리석, 검은 대리석, 벽옥, 옥 등을 하나하나 채워넣어 만들었다.

정원은 한 변의 길이가 300m다. 페르시아 양식과 힌두 양식이 섞인 전통적 무굴 양식이다. 타지마할의 정문과 영묘 건물 사이에 수로가 놓여 있다. 남북축을 따라 대리석으로 만든 이 수로는 영묘의 모습을 반사한다. 「알 하우드 알 카후타」라 부른다. '풍요의 수로'라는 뜻이다. 이슬람 선지자 무함마드에게 봉헌된 수로다. 야무나강 반대쪽에 달빛 정원이 발견되어 야무나강이 타지마할 정원의 일부였음이 확인됐다. 타지마할 영묘가 정원의 한가운데에 지어졌다는 것이 입증된 것이다. 정원의 끝쪽에 붉은 사암 건물이 있다. 서쪽 건물은 모스크이고 동쪽 건물은 응접실이다.그림 35

그림 36 **인도 아그라의 야무나강, 타지마할, 무삼만 버즈, 디와니카스**

디와니카스는 왕, 대사, 귀족 등을 접견하고 국사를 논의하는 황제의 개인 홀이다. 샤 자한 황제가 사용했다. 1635년에 지었다. 두 개의 홀이 있었다. 금색과 은색 잎으로 덮인 평평한 나무 천장을 만들있다. 3면이 열린다. 이중 기둥으로 지지되는 5개의 아치형 개구부를 통해 들어갈 수 있다. 검은 돌로 상감된 비문에는 방을 가장 높은 하늘에, 황제를 태양에 비유했다. 무삼만 버즈는 삼만 버즈, 샤 버즈라고도 한다. 샤 자한의 디와이카스 근처에 있는 팔각형 탑이다. 1631-1640년 사이에 건축했다. 샤 자한의 총애하는 아내 뭄타즈 마할을 위해 지었다. 보석이 박힌 다층 대리석 탑을 세우려 했다. 궁정의 여인들이 보이지 않는 곳을 내려다볼 수 있도록 대리석 격자로 만들었다. 이 탑에서 야무나강을 내려다 볼 수 있다. 샤 자한은 타지마할을 축조하면서 과다하게 재정을 지출했다. 그의 아들 아우랑제브가 샤 자한을 아그라 성에 유폐시켰다. 샤 자한은 타지마할을 바라보며 임종했다.그림 36

그림 37 **인도 아그라의 코끼리 이동 수단과 코브라 뱀춤 거리 공연**

아그라 인구의 40%가 농업에 종사한다. 아그라에는 7,200개의 소규모 산업 단위가 있다. 가죽, 카펫, 수공예품, 자수, 대리석과 석재 조각, 주물 경제활동이 이뤄진다. 아그라에서 하루에 1,500,000켤레 이상의 신발이 제조된다. 2019년 기준으로 9,500,000명 이상의 관광객이 아그라와 주변 지역을 방문했다. 아그라에 나기나 마스지드, 샤 자하니 마할, 아람 바그, 치니 카 라우자, 악바르 교회, 자마 모스크, 자스완트 키 차트리, 팔리왈 공원 등이 있다. 아그라 주변에 마리암 우즈 자마니의 무덤, 불란드 다르와자, 자마 모스크, 키섬 호수 등이 있다. 관광이 활성화되어 아그라 요새까지 이동 수단으로 코끼리를 활용한다. 거리에서는 코브라 뱀춤도 연기한다.그림 37

자이푸르

그림 38 **인도 핑크 시티 자이푸르의 원경과 근경**

자이푸르는 라자스탄의 주도다. 467㎢ 면적에 2022년 기준으로 4,546,189명이 거주한다. 도로와 철도 교통망이 갖춰진 상공업 중심지다. 「인도의 파리」라 불리는 계획도시다. 뉴델리에서 268km 떨어져 있다. 2019년 「인도의 핑크 시티 자이푸르」로 유네스코 세계문화유산에 등재됐다.

앰버 왕국(1128-1949)의 자이 싱(Jai Singh) 2세가 1727년 자이푸르를 설립했다. 설립자의 이름을 따서 「자이푸르(Jaipur)」라는 시명이 붙여졌다. 1876년 웨일즈 왕자 알버트 에드워드의 방문을 환영하려고 도시를 분홍색으로 칠했다. 분홍색 도시 경관으로 인해 「핑크 도시」라는 별칭이 부여됐다. 산스크리트대학(1865), 여학교(1867), 예술 학교(1868)가 세워졌다. 자이푸르의 경제 활동은 농업, 관광, 보석 세공, 고급 의류, 공예 등이다.그림 38

그림 39 **인도 자이푸르의 하와 마할**

하와 마할은 자이푸르에 있는 도시 궁전이다. 붉은색과 분홍색 사암으로 건축됐다. 왕가에 속한 여성들의 궁전인 제나나 내지 여성의 방이다. 1799년 자이 싱 2세의 손자 프라타프 싱이 세웠다. 높이 15m의 5층 피라미드 모양이다. 하와 마할은 돌로 조각한 병풍, 작은 여닫이 창, 아치형 지붕, 처마 장식 구조로 지어졌다. 외관은 자로카라는 953개의 작은 창문으로 구성되어 있다. 자로카(Jharokha)는 거리, 시장, 기다 열린 공간을 내려다 볼 수 있는 석조 창이다. 벽면에서 돌출되어 있다. 왕실 여성들이 눈에 띄지 않고 아래 거리의 일상과 축제를 볼 수 있게 지은 건축 양식이다. 시원한 공기가 들어와 여름에 쾌적하다. 거리에서 본 정면 현창은 벌집 모양이다. 각 현창에는 미니어처 창문, 조각된 사암 그릴, 끝머리, 돔이 있다. 반팔각형 형태다. 건물 후면의 안쪽은 최소한의 장식으로 꾸며진 기둥과 복도로 된 방이다.그림 39

그림 40 **인도 자이푸르의 잔타르 만타르**

잔타르 만타르(Jantar Mantar)는 1734년 자이 싱 2세가 만든 천문 기구 모음터다. 잔타르 만타르는 '계산(mantar) 도구(jantar)'라는 뜻이다. 면적이 1.8652ha다. 2010년 유네스코 세계문화유산으로 등재됐다. 잔타르 만타르는 시간 측정, 일식 예측, 지구가 태양 주위를 공전할 때 주요 별의 위치 추적, 행성의 적위 확인, 천구의 고도와 관련 천체력 결정을 위한 19개의 장비로 구성되어 있다. 차크라 얀트라는 그노몬(gnomon)이 그림자를 드리우는 4개의 반원형 아크다. 하루 중 4개의 지정된 시간에 태양의 적위를 측정한다. 브리하트 삼라트 얀트라는 높이가 27m다. 세계에서 가장 큰 해시계 중 하나다. 햇빛으로부터 드리워진 그림자를 사용하여 2초 간격으로 시간을 측정한다. 카팔리 얀트라, 라구 삼라트 얀트라, 우나탐사 얀트라, 자이 프라 카시 얀트라, 카날리 얀트라, 얀트라 라지 얀트라 등의 천문 기구가 있다. 1724-1735년 기간에 뉴델리, 자이푸르, 우자인, 마투라, 바라나시에 잔타르 만타르가 차례로 건설됐다.그림 40

그림 41 **인도 자이푸르의 앨버트 홀 박물관**

앨버트(Albert) 홀 박물관은 라자스탄 주립 박물관 역할을 한다. 인도-사라센 건축 양식이다. 1887년 공공 박물관으로 개관했다. 박물관 명칭은 1876년 자이푸르를 방문해 기초석을 놓았던 웨일즈 왕자 앨버트 에드워드의 이름을 따서 지었다. 컬렉션은 그림, 보석, 카펫, 상아, 석재, 금속 조각품, 크리스탈 작품 등이 있다. 굽타 제국, 쿠샨 제국, 델리 술탄국, 무굴 제국, 영국 시대의 동전이 전시되어 있다. 이집트 미라, 불교 벽화, 자인 티르탄카르, 브라흐마 동상, 락슈미나라얀 동상 등은 주요 소장품이다.그림 41

그림 42 **인도 자이푸르의 비를라 만디르**

비를라 만디르는 힌두교 사원이다. 1977-1988년 기간에 지었다. 힌두 여신 락슈미와 비슈누에게 헌정되었다. 디왈리 축제, 크리슈나 잔마슈타미 축제는 사원의 주요 기념 행사다. 사원은 흰색 대리석으로 세웠다. 성전에는 성소, 탑, 본당, 입구의 네 부분이 있다. 전통적인 힌두교 이야기를 묘사한 스테인드 글라스 창을 가지고 있다. 외부의 빛으로 투명해진 스테인드 글라스 창에 힌두교 이야기 내용이 보인다.그림 42

그림 43 **인도 자이푸르 주변 아메르 요새**

아메르 요새는 앰버 요새(Amer Fort)라고도 한다. 라자스탄 아메르에 위치한 요새다. 967년에 설립됐다. 아메르는 자이푸르에서 11km 떨어져 있다. 면적 4㎢다. 아메르 마을 마오타 호수 위 언덕에 세워져 있다. 라지푸트 건축은 사원, 요새, 계단식 우물, 정원, 궁전을 포괄하는 건축물이다. 라지푸트 건축의 사례가 아메르 궁전이다. 아메르 궁전은 1592년에 붉은 사암과 대리석으로 건축됐다. 아메르 궁전은 라지푸트 왕과 가족의 거주지로 쓰였다. 4층이다. 각 층에는 안뜰이 있다. 일반 청중 홀, 개인 홀, 거울 궁전, 수크 니와스 궁전으로 구성되어 있다. 궁전 내의 폭포 위로 부는 바람 때문에 궁전은 시원하다. 마호타 호수는 궁전의 수원(水源)이다. 2013년 앰버 요새는 라자스탄의 다른 5개 요새와 함께 라자스탄 언덕 요새 그룹의 일부로 유네스코 세계문화유산에 등재됐다.그림 43

그림 44 **인도 뭄바이**

04 뭄바이

뭄바이(Mumbai)는 마하라슈트라의 주도다. 인도의 상업 중심지다. 603.4㎢ 면적에 2022년 기준으로 16,660,000명이 거주한다.그림 44

뭄바이 지명은 콜리족 수호신 뭄바데비의 이름인 뭄바(Mumbā)와 마라티어로 '어머니'를 뜻하는 아이(āī)에서 유래했다. 마라티어는 이 지역 토착민 콜리족의 모국어다. 1508년 포르투갈은 뭄바이를 음차한 Bombaim(봄바임, 봉베잉)이라 불렀다. 영국은 Bombay(봄베이)라 했다. '좋은 만(good bay)'이란 뜻이다. 1996년 현지 유래 지명인 뭄바이로 개칭됐다.

초기 뭄바이는 7개의 섬으로 된 군도(群島)였다. 1784-1838년 기간에 영국 동인도회사가 간척으로 섬들이 상호 연결됐다. 이곳이 올드 뭄바이, 남부 뭄바이, 아일랜드 시티다. 올드 뭄바이는 미트히강을 사이에 두고 살세테섬과 이어졌다. 살세테섬은 뭄바이의 신시가지가 됐다. 올드 뭄바이와 신시가지를 합쳐서 뭄바이 도시지구(Mumbai City District)라 한다. 이곳이 뭄바이시(市)다. 뭄바이시는 뭄바이 시(市)지구와 뭄바이 교외(郊外)지구로 구분된다. 뭄바이는 도시연담화로 주변의 타네, 나비뭄바이와 연결됐다. 뭄바이, 타네, 나비뭄바이의 세 대도시를 중심으로 주변지역을 합해 뭄바이 대도시지역이라 부른다. 뭄바이 대도시지역은 8,500㎢ 면적에 2016년 기준으로 22,885,000명이 거주한다.그림 45

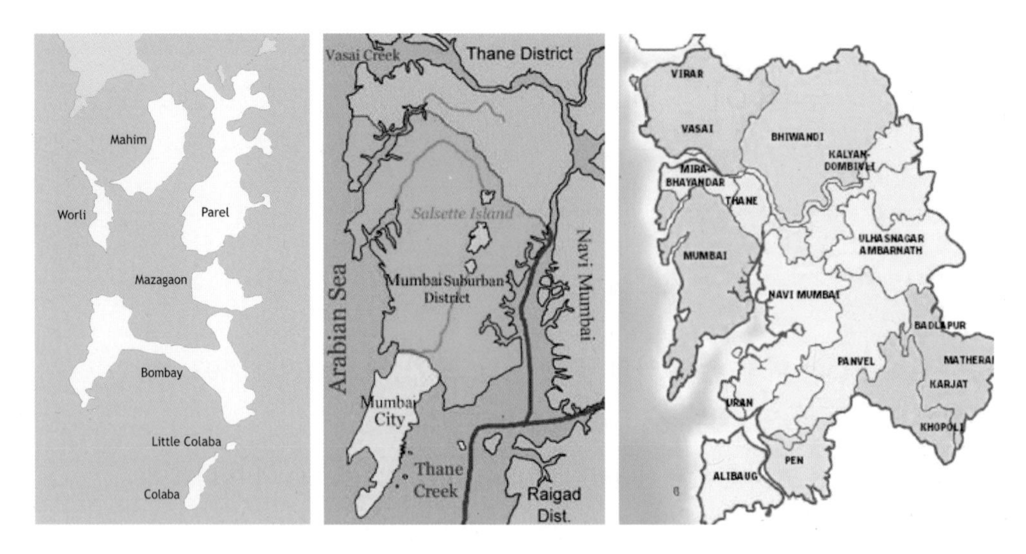

그림 45 **뭄바이 7개 군도, 뭄바이시(市), 뭄바이 교외지역, 뭄바이 대도시 지역**

BC 1세기부터 지어진 마하칼리(Mahakali) 동굴과 1세기부터 조성된 칸헤리(Kanheri) 동굴에는 불교 문화가 꽃피워 있다. 대부분의 동굴은 생활, 공부, 명상을 위한 불교 비하라였다. 150년 그리스 지리학자 프톨레마이오스는 이곳 뭄바이를 헵타네시아로 표기했다. '일곱 개의 섬으로 이루어진 군집'이란 뜻이다. 이곳에서 여러 왕조가 부침했다. 6세기경 기독교가 전래됐다. 10세기경 힌두교 신전이 세워졌다. 1298년 뭄바이 힌두 공동체가 형성되었다. 1348-1534년 기간에 무슬림이 통치했다. 이슬람이 전파됐다.

1498년 포르투갈이 인도에 상륙했다. 바스쿠 다 가마가 희망봉을 돌아 왔다. 1534년 포르투갈은 바사이(Vasai, Bassein) 조약으로 뭄바이 군도를 할양받았다. 1534-1661년 기간의 포르투갈령 봉베잉(봄베이) 시대가 열렸다. 1535년 뭄바이는 포르투갈령 고아 총독부에 소속됐다. 뭄바이 군도에 요새와 성당이 들어섰다. 1612년 영국은 수왈리 해전에서 포르투갈을 격파했다. 1640년 영국은 살세테섬에 아구아다 요새를 세웠다. 포르투갈은 1580년 이후 스페인에게 시달렸다. 1661년 영국은 포르투갈과 혼인 동맹을 체결해 뭄바이 본섬을 할양받았다. 1668년 포르투갈은 스페인으로부터 독립했다.

1661-1947년 사이의 영국령 봄베이 시대가 전개됐다. 1803년 대화재가 났다. 1824년 가뭄이 닥쳤다. 1830년 영국과의 정기 연락선이 시작됐다. 1838년 콜라바섬을 마지막으로 간척 사업이 완료됐다. 1840년에 봄베이 은행이, 1845년에 그랜트 의대가 설립됐다. 1852년 자치 조직인 봄베이 협의회가 설립됐다. 1853년 인도의 첫 철도인 봄베이-타네 노선이 개통됐다. 1855년에 방적공장, 1857년에 뭄바이 대학교가 설립됐다. 1869년 수에즈 운하 개통으로 뭄바이는 인도 면화 무역항으로 번영했다. 1873년에 트램이 개통됐다. 1875년에 증권 거래소가 설립됐다. 1882년에 전기가 놓였다.

19세기 후반 들어 직물 산업이 발달했다. 노동운동과 민족주의 움직임이 일어났다. 1885년 뭄바이에서 인도국민회의가 결성됐다. 1888년 차트라파티 시바지(봄베이 빅토리아) 종착역이 완공됐다. 1893년 무슬림과 힌두 공동체 사이에 충돌이 벌어졌다. 1896년에 역병이 엄습해 사람들이 도시를 떠났다. 면화 공장이 노동자 부족으로 경영난에 시달렸다. 1905년 벵골 분할로 스와데시 운동이 일어나 영국상품 불매운동으로 이어졌다. 1915년 마하트마 간디가 방문했다. 1918년 스페인 독감으로 고통당했다. 1919년부터 뭄바이는 샤티아그라하 운동의 중심지가 되었다. 1922년까지 수차례 도시가 마비됐다. 1925년에 전기 기관차가 도입됐다. 1932년에 카라치와의 민간항공이 개항했다. 1930년대에 대공황과 함께 전국적인 비폭력 불복종 운동이 일었다. 2차 대전기에 뭄바이는 중동과 동남아에 병력과 물자를 보급해 성장했다. 1942년 인도 철수 운동과 1946년 왕립 인도 해군의 반란이 터졌다.

그림 46 **인도 뭄바이 대학교 포트 캠퍼스의 라자바이 시계탑**

1947년 8월 인도는 독립했다. 1661-1947년의 287년에 걸친 영국 지배가 끝났다. 영국 왕실에 의한 영국의 직접 통치인 British Raj(브리티시 라지)는 1858-1947년 기간으로 설명한다. 1979년에 과학 단지 네루 센터가 세워졌다. 1979년 자매도시 나비뭄바이가 성립됐다. 뭄바이의 인구 분산이 이뤄졌다.

뭄바이 대학교는 1857-1995년 기간에는 봄베이 대학교였다. 1996년에 교명을 바꿨다. 2013년 기준으로 711개의 부속 단과대학이 있다. 런던 대학교를 모델로 지었다. 예술학부와 의학부로 시작했다. 포트 캠퍼스에 있는 라자바이 시계탑은 랜드마크다. 1878년에 지었다. 런던 빅벤을 모델로 했다. 건설비용에 기여한 그의 어머니 이름을 따서 시계탑 이름을 정했다. 높이 85m다. 베네치아와 고딕 양식이 융합된 형태다. 담황색 쿨라 돌이 사용됐다. 시계탑에는 스테인드 글라스 창이 있다. 지상에서 9.1m 높이에 인도 카스트를 나타내는 8개의 조각상이 있다. 19세기에는 시계탑에서 16곡의 종소리 음악을 연주했다. 오늘날에는 한 곡만 울린다. 2018년 유네스코 세계유산목록에 추가된 「뭄바이의 빅토리아와 아르데코 앙상블」의 일부다.그림 46

차트라파티 시바지 마하라지 터미너스의 역명은 1888-1995년에 빅토리아 터미너스, 1996-2016년에 차트라파티 시바지 터미너스, 2017년에 차트라파티 시바지 마하라지 터미너스로 바뀌어 왔다. 역사(驛舍)는 빅토리아 여왕 통치 50주년이 되는 1887년에 완공되었다. 1888년 빅토리아 여왕의 이름을 따서 빅토리아 터미너스로 정했다. 차트라파티 시바지는 17세기에 무굴 제국과 경쟁해 마라타 제국을 세운 왕이다. 1996년 시바지를 기려 역명을 차트라파티 시바지 터미너스로 했다. 2017년 역 이름을 다시 차트라파티 시바지 마하라지 터미너스로 변경했다. 역사는 이탈리아 고딕 스타일이다. 역사는 인도 중앙 철도의 본부다. 2004 유네스코 세계문화유산에 등재됐다.그림 47

「게이트웨이 오브 인디아」는 아치형 기념 관문이다. 관문 상부에 "MCMXI 12월 2일에 조지 5세 왕과 메리 왕비가 인도에 상륙한 것을 기념하기 위해 세웠다."라는 비문이 새겨져 있다. MCMXI은 1911년이다. 영국 군주의 첫 인도 방문이었다. 건축은 1913-1924년 기간에 이뤄졌다. 인도 독립 이

그림 47 **인도 뭄바이의 차트라파티 시바지 마하라지 터미너스**

그림 48 **인도 뭄바이의 게이트웨이 오브 인디아, 비문, 정원**

후 1948년 2월 28일 영국군 제1대대는 21발의 예포와 함께 관문을 통과했다. 브리티시 라지의 종말을 알리는 의식의 일환이었다. 관문은 '왕관의 보석'이자 '정복과 식민화의 상징'으로 언급된다. 구자라트의 인도 이슬람 건축 양식이다. 관문은 4개의 포탑과 아치형 입구로 구성되어 있다. 아치의 높이는 26m다. 중앙 돔의 지름은 15m다. 노란색 현무암과 불용성 콘크리트를 사용했다. 아라비아 해로 이어지는 관문 아치 뒤에 계단이 건설되어 있다. 5개의 부두가 있다. 이전에는 관문 앞에 정원 산책로가 있었다. 관문은 시민, 노점상, 사진사로 북적인다.그림 48

그림 49 **인도 뭄바이의 타지마할 팰리스 호텔과 타지마할 타워**

타지마할 팰리스 호텔은 약칭 '타지'로 불린다. 1903년 문을 열었다. 사라센 부흥 건축 양식이다. 뭄바이에서 1,050km 떨어진 아그라의 타지마할의 이름을 따서 명명됐다. 560개의 객실과 44개의 스위트룸이 있다. 원래 정문은 현재 수영장이 있는 육지를 향한 쪽이었다. 1차 세계대전 동안 호텔은 600개의 병상을 갖춘 군 병원으로 개조됐다. 서머셋 몸, 듀크 엘링턴, 로드 마운트배튼, 빌 클린턴 등이 묵었다. 1972년 호텔 옆에 별관 타지마할 타워를 지었다. 타지마할 궁전은 6층이고, 타지마할 타워는 20층이다. 2003년 호텔 개관 100주년을 기념해 「타지마할 궁전과 타워」로 이름을 바꿨다.그림 49

네루 센터는 인도 초대 총리 자와할랄 네루의 가르침과 이상을 홍보하는 센터다. 과학, 문화 프로그램, 교육 활동을 펼친다. 1972-1979년 기간에 세웠다.

그림 50 **인도 남부 뭄바이의 스카이 라인**

센터는 네루 천문관, 강당, 실험 극장, 미술관, 도서관, 연구 센터로 구성되어 있다.

뭄바이는 인도 경제 중심지다. 뭄바이는 1980년대까지 섬유와 무역으로 번영했다. 오늘날 엔지니어링, 다이아몬드 연마, 의료 의약품 마케팅, 정보기술 등 숙련 산업으로 전환되고 있다. 봄베이 증권 거래소, 인도 주립 은행, 인도 준비 은행, 국립 증권 거래소, 조폐국 등의 금융 기관이 있다. 타타 그룹, 릴라이언스 산업, 아디트야 비를라 그룹, 에사르 그룹, 힌두스탄 석유, 바라트 석유 등의 기업이 있다. 엔터테인먼트, 영화, TV, 위성 네트워크, 출판사, 광고 산업, 소비재 산업이 활성화되어 있다. 행상, 택시 운전사, 기계공 등 반숙련 노동 인구도 많다. 대부분의 기업은 남부 뭄바이에 입지해 있다.그림 50

볼리우드는 뭄바이에서 제작되는 영화 산업을 일컫는다. Bollywood는 뭄바이의 이전 이름 Bombay와 캘리포니아 Hollywood를 합성한 용어다.

그림 51 **인도 뭄바이의 반드라-월리 시 링크와 월리 스카이 라인**

인도 영화는 1890년대부터 시작됐다. 1940년대 후반-1960년대에 황금기를 맞았다. 1970년대 이후의 힌디 영화는 마살라 영화가 주다. 마살라 영화는 액션, 코미디, 로맨스, 드라마, 멜로 등 다양한 장르와 뮤지컬 넘버를 혼합한 장르다. 2017년 기준으로 1,986편의 장편 영화가 제작됐다. 그 중 364편이 힌디어다.

「반드라-월리 시 링크」는 뭄바이 서부 교외의 반드라와 센트럴 뭄바이의 월리를 연결하는 다리다. 공식 명칭은 라지브 간디 시 링크다. 2000-2010년 기간에 건설했다. 길이 5.6km, 너비 2×20m의 8차선이다. 높이 126m다. 케이블로 고정된 주 경간과 양쪽 끝의 콘크리트-강철 프리캐스트 세그먼트 고가교가 있는 사장교다. 반드라와 월리 사이의 이동 시간을 20-30분에서 10분으로 단축했다. 2009년 기준으로 일일 평균 교통량은 37,500대다.그림 51

그림 52 **인도 뭄바이의 마린 드라이브**

마린 드라이브의 공식 명칭은「존경하는 수바스 찬드라 보스 도로」다. 수바스 찬드라 보스는 영국 권위에 저항한 인도 민족주의자였다. 마린 드라이브의 길이는 3km다. 자연 만(灣) 해안을 따라 펼쳐진 C자형 6차선 콘크리트 도로다. 마린 드라이브는 서남서쪽을 향한 매립지 위에 건설됐다. 마린 드라이브는「여왕의 목걸이」라고 부른다. 밤에 높은 곳에서 보면 차도를 따라 가로등이 목걸이에 진주 줄을 꿰어 놓은 모습과 비슷하게 보이기 때문이다. 마린 드라이브의 북쪽 끝에는 시민들이 즐겨 찾는 기르가온 초파피 공공 해변이 있다. 마린 드라이브 아래 쪽은 부유한 지역이다. 마린 드라이브 도로를 따라 야자수가 늘어서 있다. 마린 드라이브에는 스포츠 클럽, 크리켓 경기장, 클럽 구장, 레스토랑 등이 있다.그림 52

뭄바이의 난개발은 해결해야 할 도시 과제다. 2006년 기준으로 세계은행은 뭄바이 인구의 절반 이상이 슬럼지역에 살고 있다고 조사했다. 뭄바이에 다라비, 방강가, 바이간와디, 안톱 힐 등의 슬럼지역이 있다. 다라비(Dharavi)는 2.1㎢ 면적에 700,000-1,000,000명이 사는 것으로 추정했다. 1884년 영국 식민지 시대에 설립됐다. 도심에서 밀려난 사람들과 농촌에서 이주한 사람들이 모여 살면서 성장했다. 이런 연유로 다라비는 종교적으로 민족적으

그림 53 **인도 뭄바이의 야외세탁소 도비 가트**

로 다양하다. 소규모 업체에서 슬럼가 거주자를 고용하는 비공식 경제 활동이 이뤄진다. 가죽, 직물, 도자기 제품이 생산된다.

Dhobi Ghat(도비 가트)는 야외 세탁소다. 뭄바이 남부 마할락스미 기차역 옆에 위치했다. 0.09km^{2}면적에 2020년 기준으로 1,284명이 거주한다. 도비(Dhobi)는 인도에서 세탁과 다림질, 경작과 농업 노동에 종사하는 사람을 말한다. 도비 가트는 도비들이 일하는 곳이다. 도비 가트는 1890년에 건설됐다. 1902년 콜카타에 도비 가트를 건설했다. 남아시아 전역에도 도비 가트가 세워졌다. 도지 가트에는 노천 콘크리트 세척 펜이 줄지어 있다. 각각 고유한 채찍질 돌이 장착되어 있다. 세탁물은 병원, 호텔, 클럽, 동네 세탁소,

의류 딜러, 웨딩 데코레이터와 케이터링 업체에서 가져온다. 매일 100,000벌 이상의 옷을 세탁한다. 콘크리트 세탁조에서 수동으로 옷을 채찍질하고, 문지르고, 염색하고, 표백하고, 로프로 건조하고, 깔끔하게 다림질한다. 세탁된 옷은 맡긴 곳으로 보내진다. 부유한 도비는 대형 기계식 세탁기와 건조기를 설치했다.그림 53

2011년 기준으로 뭄바이 종교 분포는 힌두교 66.0%, 이슬람교 20.7%, 불교 4.9%, 자이나교 4.1%, 기독교 3.3%, 시크교 0.5% 등이다. 인종 구성은 마하라슈트리아인 32%, 구자라트인 20%, 나머지는 인도의 다른 지역 출신이다. 토착 기독교인은 포르투갈에 의해 개종한 가톨릭 신자와 도시 기독교 공동체 신자 등이다. 2011년 기준으로 언어 분포는 마라티어 35.3%, 힌디어 25.9%, 구자라트어 20.4%, 우르두어 11.7% 등이다. 공식 언어는 마라티어, 영어, 힌디어다.

05 콜카타

콜카타는 서벵골의 주도다. 206.08㎢ 면적에 2011년 기준으로 4,496,694명이 거주한다. 콜카타 대도시지역 인구는 14,112,536명이다. 콜카타 대도시지역은 37개 지자체와 4개의 지방자치단체를 포괄한다. 콜카타, 하우라, 파르가나스, 나디아, 후글리 등의 도시 지구가 있다. 방글라데시와 75km 떨어져 있다. 그림 54

Kolkata(콜카타)는 Kolikata(콜리카타)에서 유래했다 한다. '(여신) 칼리의 들판'이란 뜻이다. 이 도시는 벵골어로 콜카타 또는 콜리카타로 발음되었다. 영국이 들어오면서 영국식으로 Calcutta(캘커타)라 했다. 2001년 벵골어 발음인 콜카타로 바꿨다.

콜카타는 갠지스강의 지류인 후글리(Hooghly)강 동쪽 강둑을 따라 남북으로 퍼져 있다. 갠지스 삼각주 하류에 위치했다. 도시의 고도는 1.5-9m다. 도시는 매립된 습지다. 이스트 콜카타 습지는 1975년 람사르 협약에 의해 「국제적으로 중요한 습지」로 지정됐다. 후글리강을 사이에 두고 하우라 다리 등으로 하우라와 연결되어 있다. 후글리강은 서벵골 삼각주 라르를 지나 벵골만으로 흘러 들어간다.

1690년 동인도 회사가 콜카타에 들어왔다. 1772-1911년 기간에 콜카타는 영국령 인도의 수도였다. 1793년 동인도회사는 도시와 지방을 관리하기

그림 54 인도 콜카타

그림 55 인도 콜카타의 다운타운 스카이 라인

시작했다. 19세기 초 습지가 매립됐다. 후글리 강둑을 따라 도시 개발이 진행됐다. 1850년대 섬유, 황마 산업이 발달했다. 전신(電信)이 연결됐다. 하우라 기차역 등 인프라가 구축됐다. 영국과 인도 문화의 융합이 이뤄졌다. 상위 카스트 힌두교 공동체에 속한 관료, 전문가, 신문 독자 등의 도시 인도인이 형성됐다. 1883년 인도 민족주의 단체인 인도 민족협회 전국 회의가 개최됐다. 콜카타는 영국령 인도 상업 중심지로 성장했다. 1905년 종교적 노선에 따른 벵갈 분할은 대규모 시위로 이어졌다. 1911년 영국은 수도를 뉴델리로 옮겼다. 콜카타는 인도 독립운동 중심지가 되었다. 1943년 벵골 기근으로 수백만 명이 아사했다. 인도 분할은 충돌과 인구 변화로 이어졌다. 무슬림은 동파키스탄인 방글라데시로 떠났다. 힌두교도는 콜카타로 몰렸다. 1960년대부터 1990년대까지 경제적·정치적 혼돈으로 콜카타는 침체했다. 1980년대 중반에 뭄바이는 콜카타보다 인구가 많은 도시로 올라섰다. 1985년 라지브 간디 총리는 사회정치적 위기에 비추어 콜카타를 「죽어가는 도시」라고 불렀다. 1977-2011년 기간에 좌파 전선이 콜카타를 통치했다. 2011년 선거에서 좌파가 패배했다. 콜카타는 경제 정책 변경으로 개선되고 있다.

콜카타는 동인도, 북동인도의 상업 금융 허브다. 캘커타 증권 거래소가 있다. 1990년대 후반부터 정보 기술 산업이 성장하고 있다. 2000년대에 부동산, 인프라, 소매, 호텔 등에 대한 투자가 증가했다. 콜카타에는 알라하바드 은행, UCO 은행, 인도 연합 은행, 반단 은행이 있다. 콜카타의 다운타운에는 테크노폴리스, 고드레즈 부동산, TCS 로드, 곱신 크리스탈, 사우스 시티 피나클, RDB 대로, 서벵골 전자산업 개발공사 등의 빌딩이 있다. 콜카타는 비공식 부문의 노동력이 40% 이상이다.그림 55

파크 스트리트는 콜카타의 중심가다. 영국 시대부터 콜카타의 주요 저녁 휴양지였다. 「영국인의 동네」라고 했다. 1760년의 기록에 거리 이름이 나온

그림 56 **인도 콜카타의 파크 스트리트**

다. 클럽, 호텔, 레스토랑이 있다. 음악가들의 연주가 이뤄졌다. 레스토랑과 펍이 많아 「먹거리」, 「잠들지 않는 거리」라는 별칭을 얻었다. 디왈리, 크리스마스, 새해 전야 행사가 펼쳐진다. 아시아학회, 세인트 자비에르 칼리지, 세인트 토마스 교회, 파크 맨션, 스티븐 코트 빌딩 등이 있다.그림 56

마이단(Maidan)은 도시 중심에 있는 대규모 녹지 공원이다. 「콜카타의 허파」라고 불린다. 콜카타의 역사 문화 중심지다. 레저와 엔터테인먼트 허브다. 면적 4.0㎢의 야외 공간이다. 크리켓 경기장인 에덴 정원, 축구 경기장, 경마장, 기타 스포츠 경기장이 있다. 에덴 정원은 1864년에 조성됐다. 콜카타 크리켓 축구 클럽은 1792년 출범했다. 1883-1884년에 콜카타 국제 전시회를 개최했다. 마이단 주변에 콜카타의 랜드마크가 많다. 미이단의 북쪽을 따라 정부 청사가 줄지어 있다. 라즈 바반(Raj Bhavan)은 1803년에 지었다. 독립 이전에는 정부청사였다. 1947년 독립 이후 서벵골 주지사의 공식 관저가 되었다.

그림 57 **인도 콜카타의 야외 녹지 공간 마이단**

1828년 델리 방어를 기려 샤히드 미나르가 세워졌다. 마나르의 높이는 48m다. 1847년에 건립한 세인트 폴 대성당이 있다. 대성당 옆에 인디라 간디 동상과 비를라 천문관이 있다. 인도 축구 선수 고스타 팔의 동상이 있다.그림 57

마이단 남쪽 끝에 빅토리아 기념관이 있다. 빅토리아 기념관은 1876년에서 1901년까지 인도 황후였던 빅토리아 여왕을 기념하는 박물관이다. 1906-1921년 사이에 지었다. 디자인은 인도-사라센 복고주의 스타일이다. 건물 크기는 103×69m다. 높이는 56m다. 타지마할에 사용했던 흰색 마크라나 대리석으로 구성됐다. 기념관의 중앙 돔 위에는 4.9m의 승리의 천사상이 있다. 기념관에는 왕실 갤러리, 국가 지도자 갤러리, 초상화 갤러리, 중앙 홀, 조각 갤러리, 무기와 병기 갤러리, 콜카타 갤러리 등 25개 갤러리가 있다. 기념관의 정원은 260,000㎡ 규모다. 왕좌에 앉아 있는 빅토리아 황후의 동상이 있다. 에드워드 7세 청동 기마상과 기념 아치가 있다.그림 58

그림 58 **인도 콜카타의 빅토리아 기념관**

하우라 기차역(Howrah Junction)은 서벵골 하우라에 위치한 기차역이다. 1854년 하우라-후글리 노선으로 개통됐다. 23개의 플랫폼에서 매일 252개의 우편/급행 열차와 500개의 교외 EMU(전기 다중 열차)를 처리한다. 하우라는 콜카타 대도시지역에 서비스를 제공하는 시외 기차역이다. 콜카타는 실다, 산트라가치, 샬리마르 시외 기차역과도 연계된다. 2006년 기차역 인근에 하우라 기차역의 유산과 역사를 다루는 철도 박물관을 열었다. 페어리 퀸 증기기관차가 전시되어 있다. 하우라 다리는 서벵골의 후글리강을 가로지르는 다리다. 1943년에 개통됐다. 1965년 「라빈드라 세투」로 개명됐다. 벵골 시인 라빈드라나트 타고르의 이름을 땄다. 서스펜션 유형의 균형 캔틸레버와 트러스 아치로 구성됐다. 교량 재료는 강철이다. 길이 705m, 높이 82m다. 콜카타와 서벵골을 연결한다. 차량과 보행자가 이용한다.그림 59

그림 59 **인도 콜카타의 하우라 기차역과 하우라 다리**

콜카타는 문화중심지다. 캘커타 대학교는 1857년에 설립됐다. 콜카타와 인근 지역에 2020년 기준으로 151개 대학과 21개 기관과 센터가 입지해 있다. 콜카타에 아시아학회, 인도 박물관, 인도 농업원예학회, 콜카타 수학학회, 인도 과학회의협회, 인도 공중보건 협회 등이 있다. 콜카타에 서벵골 영화 산업이 활발하게 전개된다. Tollywood(톨리우드)라 한다. 서벵골 영화 스튜디오가 모여 있는 Tollygunge(톨리궁게)와 Hollywood의 합성어다. 서벵골 영화 산업은 1932년에 본격화됐다. 병렬 영화와 예술 영화가 주다. 2019년에 163편의 장편 영화가 제작됐다.

라빈드라나트 타고르(Tagore)는 시인, 작곡가, 철학자였다. 1913년 『기탄잘리 *Gitanjali*』로 노벨문학상을 받았다. 기탄잘리는 '노래 봉헌(Song Offering)'이란 뜻이다. 신에 대한 헌신을 시로 표현했다. '매우 민감하고 신선하며 아름다운 시'로 평가됐다. 그는 Rabindra Sangeet(라빈드라 산지트)라 불리는 타

그림 60 **인도의 시인 타고르와 콜카타 라빈드라 바라티 대학교**

고르 노래 2,230곡을 작곡했다. 1878-1932년 사이에 5개 대륙의 30개국 이상을 방문했다. 1929년 일본에 왔다. 한국 기자가 한국 방문을 요청했다. 『동방의 등불』이란 짧은 시로 방한을 대신했다. 콜카타에 있는 Jorasanko Thakur Bari(조라산코 타쿠르 바리, House of the Tagore)는 타고르 가족이 살던 집이다. 이 집은 1785년에 세웠다. 타고르가 이곳에서 태어났다. 1962년 조라산코에 있는 타고르 가족의 집에서 라빈드라 바라티 대학교가 개교했다. 라빈드라나트 타고르의 탄생 100주년을 기념하는 개교였다. 예술, 인문학, 사회과학 분야의 학부와 대학원 과정을 운영한다. 타고르 박물관은 타고르 가족이 살았던 당시의 모습으로 복원됐다.그림 60

콜카타의 성녀 테레사는 1910년 북마케도니아의 스코페에서 출생했다. 로마 가톨릭교회 수녀다. Mother Teresa라 부른다. 마더 테레사는 1950년 콜카타에서 천주교 수녀회 「사랑의 선교회」를 설립했다. 평생 동안 사랑

그림 61 **인도 콜카타의 성녀 테레사와 사랑의 선교회 마더 하우스**

의 선교회를 통해 빈민, 아픈 사람, 죽어가는 사람들을 위해 헌신했다. 선교회 입구에 「목요일에 방문할 수 있다」는 표지판이 있다. 2012년 기준으로 사랑의 선교회는 133개국에서 활동이 이뤄졌다. 나병, 결핵, 에이즈로 죽어가는 사람들의 집을 관리했다. 무료 급식소, 진료소, 이동식 진료소, 어린이와 가족 상담 프로그램, 고아원, 학교를 운영했다. 회원들은 순결, 청빈, 순명, 가장 가난한 이들에게 마음을 다해 무상 봉사하겠다는 서약을 한다. 마더 테레사는 1979년 노벨 평화상을 수상했다. 1980년 인도 시민 훈장 바라트 라트나를 받았다. 1997년 콜카타에서 사망한 후 인도 국장으로 장례되었다. 2003년 「캘커타의 복녀 테레사」로 복녀가 됐다. 2016년 시성됐다.그림 61

그림 62 **인도 찬디가르의 국회의사당 궁전과 문**

06 찬디가르

찬디가르(Chandigarh)는 연방 직할지다. 1966년 11월 1일 하리아나주에서 분리되어 신설됐다. 펀자브주와 하리아나주의 주도를 겸한다. 11.4㎢ 면적에 2011년 기준으로 1,055,450명이 거주한다. 찬디가르는 뉴델리에서 북쪽으로 260km 떨어져 있다. 찬디가르 남서쪽의 모할리는 2011년 기준으로 176,152명이 산다. 남동쪽 4km에 있는 판치쿨라는 2011년 기준으로 211,355명이 거주한다. 찬디가르, 모할리, 판치쿨라는 찬디가르 세도시(Chandigarh Tricity)로 알려져 있다. 찬디가르는 인도 북서쪽의 히말라야 산맥의 시발릭 산맥 산기슭에 위치했다. 찬디가르는 북부 평원의 넓고 비옥한 땅 위에 입지했다.

Chandigarh는 힌두 여신 찬디(Chandi)와 '요새'를 뜻하는 가르(Garh)의 합성어다. 찬디가르 지명은 판치쿨라 인근의 찬디 만디르에서 유래했다. 찬디 만디르는 힌두 여신 찬디에게 헌정된 고대 사원이다.

찬디가르의 공식어는 영어다. 공용어는 힌디어, 펀자브어다. 2011년 기준으로 힌디어 사용자가 76.8%, 펀자브어 사용자가 22.0%였다. 공립학교는 영어, 힌디어, 펀자브어 교과서를 사용한다. 1981년 펀자브어 사용자는 36%였으나, 2011년에 22%로 줄었다. 힌디어 사용자는 51%에서 78%로 늘었다. 종교는 2011년 기준으로 힌두교 80.7%, 시크교 13.1%, 이슬람교

그림 63 **인도 찬디가르의 정부 사무국과 편자브 하리아나 고등 법원**

4.9%, 기독교 0.8%다.

1947년 인도 분할로 편자브 지방은 동부 편자브와 서부 편자브로 나뉘었다. 동부 편자브에는 힌두교도와 시크교도가 대부분이었다. 서부 편자브는 무슬림이 다수였다. 편자브의 수도 라호르는 분할 후 파키스탄에 속했다. 인도 초대 총리 네루는 현대적인 새로운 편자브 수도를 구상했다. 1949년 폴란드계 건축가 노비키(Nowicki)와 미국 계획가 메이어(Mayer)가 「찬디가르」 설계를 의뢰받았다. 인도 독립후 심라는 찬디가르가 완성될 때까지 동부 편자브의 수도가 됐다. 1950년 노비키가 비행기 추락사고로 사망했다. 스위스계 프랑스 건축가 르 코르뷔지에가 청빙됐다. 르 코르뷔지에는 국회의사당 궁전, 정부 사무국, 고등 법원, 열린 손 기념비를 설계했다. 1953년 편자브의 수도가 심라에서 편자브로 이전됐다. 찬디가르 17구역에서 인더스 계곡 문명의 일부가 발굴됐다. 1966년 펀자브 주는 둘로 나뉘었다. 펀자브어를 사용하는 서부·북부 지역은 현재의 펀자브 주가 됐다. 힌디어와 하리얀비어를 말하는 동부·남부 지역은 하리아나주가 됐다. 찬디가르는 두 주의 경계에 위치했다. 중앙 정부가 직접 관리했다. 찬디가르는 두 주의 합의점이 나올 때까지 두 주의 공동 수도 역할을 한다.

국회의사당 궁전은 입법부 의회 건물이다. 1951-1962년 기간에 지었다. 1964년에 개관했다. 궁전은 원형 집회실, 대화를 위한 포럼, 계단 없는 경사로가 특징이다. 전면에 큰 반사 풀이 있다. 중앙 안뜰에는 회의장이 있다. 건물 뒤편 지붕에는 대형 탑이 있다. 선박의 굴뚝이나 난방 시설의 환기탑과 모양이 비슷하다. 궁전은 높은 천장과 좁은 기둥으로 세웠다. 경사로가 계단을 대체했다. 르 코르뷔지에는 태피스트리와 에나멜로 장식된 궁전 출입구 문을 제작했다. 선명한 색상으로 그려진 문은 상하로 나뉜다. 위쪽은 인간과 우주의 관계를 묘사한다. 아래쪽은 동물과 자연 형태로 채워졌다. 문 중앙의 지식의 나무는 지식의 열매를 맺는다. 출입구 문은 특정 의식 행사 때 연다. 국회의사당 궁전은 2016년 유네스코 세계문화유산으로 등재됐다.그림 62

정부 사무국 건물은 1952-1958년 사이에 건설됐다. 섹션 1 지구에 있다. 길이 254m, 높이 42m 8층의 콘크리트 슬라브 블록이다. 지상에서 최상층까지 이어지는 경사로가 있다. 건설 당시에 현대식 건물 크레인이 없어 경사로가 건설 자재를 운반하는 통로였다. 창문 위의 콘크리트 그릴 선스크린과 옥상 테라스가 있다. 펀자브 하리아나 고등법원은 1951-1956년 기간에 지었다. 고등법원 입구에는 경사로와 공기 순환이 잘되는 기둥이 있다. 기둥은 원래 흰색 석회암이었다. 1960년대에 날씨에 더 잘 견디는 밝은 색상으로 다시 칠해졌다. 2016년 정부 사무국 건물과 펀자브 하리아나 고등법원은 유네스코 세계문화유산으로 등재됐다.그림 63

그림 64 **인도 찬디가르 열린 손 기념비의 원경과 근경**

열린 손 기념비(Open Hand Monument)는 국회 의사당 단지 1구역에 있다. 1964년에 설계했다. 르 코르뷔지에는 네루 총리와 열린 손 기념비에 대해 논의했다. 찬디가르 정부의 랜드마크다. 「주는 손과 받는 손, 평화와 번영, 인류의 통합」을 상징한다. 르 코르뷔지에는 스케치로 바람과 함께 회전하면서, 산맥의 전경에서 노란색, 빨간색, 녹색, 흰색과 같은 색상으로 빛나는 열린 손 조각상을 구상했다. 그는 스케치 위에 「세계의 끝」이라고 썼다. 열린 손 기념비는 12.5×9m의 도랑 위로 26m 높이로 지어져 있다. 콘크리트 플랫폼 위에 세워진 금속 풍향계는 높이 14m, 무게 50톤이다. 날아가는 새 형상이다. 바람으로 회전한다. 베인(Vane)의 표면은 광택이 나는 강철로 덮여 있다. 바람으로 돌아갈 수 있도록 제작해 강철 샤프트 위에 장착했다.그림 64

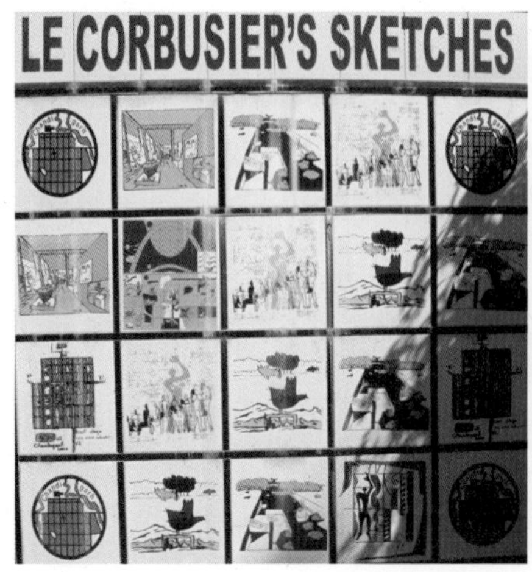

그림 65 **인도 찬디가르의 설계자 르 코르뷔지에 스케치와 네루 수상**

초기에 찬디가르는 인구 150,000명이 사는 도시로 구상됐다. 그러나 인도 정부는 보다 기념비적인 도시를 원했다. 르 코르뷔지에는 영국 건축가 프라이, 제인 드류와 함께 인도 정부의 요청에 부응했다. 그의 사촌 피에르 잔느레와 함께 인도로 이주했다. 르 코르뷔지에는 1965년 죽을 때까지 건설을 감독했다. 그는 '꽃과 물의 도시, 호메로스 시대의 집과 같은 단순한 집, 최고 수준의 화려한 모더니즘 건축물이 있는 나무의 도시 찬디가르'를 꿈꿨다. 산책로, 풍경, 햇빛, 그림자를 디자인에 통합하려 했다. 건축 자재는 광택이 나지 않고 건조된 형태의 흔적을 보여주는 미가공 콘크리트를 요구했다. 찬디가르에는 르 코르뷔지에가 그린 「찬디가르 스케치」돌판이 설치되어 있다. 르 코르뷔지에가 네루 총리와 대화하는 사진도 있다.그림 65

그림 66 **인도 찬디가르의 수크나 호수와 히말라야 산기슭**

수크나 호수는 히말라야 산기슭 시발릭 언덕에 있는 저수지다. 1958년 르 코르뷔지에가 시발릭 언덕에서 흘러내리는 계절 개울을 댐핑해 만들었다. 표면적 3㎢, 평균 깊이 2.4m, 최대 깊이 4.9m다. 1974년 개울은 호수를 우회해 토사 유입이 최소화됐다. 호수의 평온함을 위해 모터 보트와 산책로 차량 통행을 금했다. 산책로에서는 걷고, 롤러스케이트를 탄다. 사진 작가는 지는 해, 맑은 하늘, 아침 안개가 있는 고요한 호수를 촬영한다. 잔디, 체육관, 실내 게임, 수영장, 테니스 코트, 골프 코스가 있다. 보트, 노 젓기, 스컬링, 세일링, 카약, 수상 스키를 즐긴다. 호수 서쪽에 록 가든이 있다.그림 66

그림 67 **인도 찬디가르의 록 가든, 재활용 세라믹 춤추는 소녀들**

록(Rock) 가든은 1957-1976년 기간에 조성했다. 면적 160,000㎡다. 인공적으로 폭포와 연결되어 있다. 철거 현장의 폐기물, 가정 폐기물, 재활용 세라믹 등으로 조각품을 만들어 공원을 꾸몄다. 폐기물은 병, 유리, 팔찌, 타일, 도자기 냄비, 싱크대, 전기 폐기물, 깨진 파이프 등이다. 세라믹 인형, 춤추는 소녀들, 서있는 인간 군상 등이 전시되어 있다. 록 가든은 1983년 인도 우표에 등장했다. 록 가든 인형박물관에는 헝겊으로 만든 200개의 인형이 있다.그림 67

그림 68 **인도 찬디가르 기차역**

찬디가르 기차역은 1954년에 개통됐다. 도심에서 8km 떨어져 있다. 시내 버스, 오토릭샤, 사이클릭샤 등의 시내교통으로 접근 가능하다. 전산화된 예약 시설, 일반 철도 경찰 전초기지, 전화 부스, 관광 접수 센터, 대기실, 휴게실, 채식 비채식 다과실, 서점이 있다. 2014년에 에스컬레이터가 설치됐다. 기차역 입구 주변에 사람 조각품이 세워져 있다.그림 68

자키르 후세인 장미 정원은 1967년에 조성됐다. 자카르 후세인은 인도 전 대통령의 이름이다. 면적 120,000㎡다. 1600종의 장미 5만 그루가 식재되어 있다. 2003년 분재 정원과 선인장 정원이 추가되었다. 2013년 인도원예학회 100주년기념 장미축제가 열렸다.그림 69

그림 69 **인도 찬디가르의 장미정원**

그림 70 인도 찬디가르의 판자브 대학교 간디 바완

판자브 대학교는 공립 주립 대학이다. 펀자브 대학교는 1882년 파키스탄 라호르에 설립됐다. 인도 분할 후 1947년 인도 펀자브 솔란(심라)에 「동펀자브 대학」으로 새롭게 설립됐다. 설립 후 10년 동안 자체 캠퍼스가 없었다. 대학 관리와 교육 부서는 흩어져 있었다. 1950년 대학교 이름을 판자브 대학교(Panjab University)로 바꿨다. 1956년 대학은 르 코르뷔지에 지도 아래 피에르 잔느레가 설계한 찬디가르 캠퍼스로 이전했다. 78개의 교육 연구 부서와 10개의 센터가 있다. 메인 캠퍼스는 찬디가르 섹터 14와 25에 위치했다. 면적 220ha다. 교육 지역에는 중앙 도서관, 미술 박물관, 간디 바완이 있다. 간디 바완(Gandhi Bhawan)은 마하트마 간디의 글과 작품을 연구하는 센터다. 연못 한가운데 자리 잡았다. 입구에 「Truth is God」이란 문구가 쓰여 있다.

대학에는 스포츠 단지, 건강 센터, 돌고래 수족관, 학생 센터, 중앙 쇼핑 센터 등이 갖춰져 있다. 펀자브 8개 지구와 찬디가르에 188개의 제휴 대학이 있다. 판자브 대학교는 1989년 인도 우표에 소개됐다.그림 70

인도는 아소카 시대, 무굴 제국 시대, 현대 등 세 번에 걸쳐 통일을 이뤘다. 공식 언어는 힌디어와 영어다. 2022년도 1인당 GDP는 2,466달러다. 2022년 국가별 GDP는 3,468,566백만 달러로 세계 5위다. 노벨상 수상자가 12명 있다. 2022년에 이르러 인도의 종교는 힌두교 80%, 무슬림 14%가 되었다. 2011년 기준으로 인도의 기독교·시크교·불교·자이나교 신자는 합쳐서 5.09%였다. 수도 뉴델리와 올드 델리는 인도 수도권 중심 도시다. 아그라에 타지마할이 있다. 자이푸르는 핑크 도시라 불린다. 뭄바이는 경제 도시다. 콜카타는 서벵골 중심 도시다. 찬디가르는 펀자브의 계획 도시다.

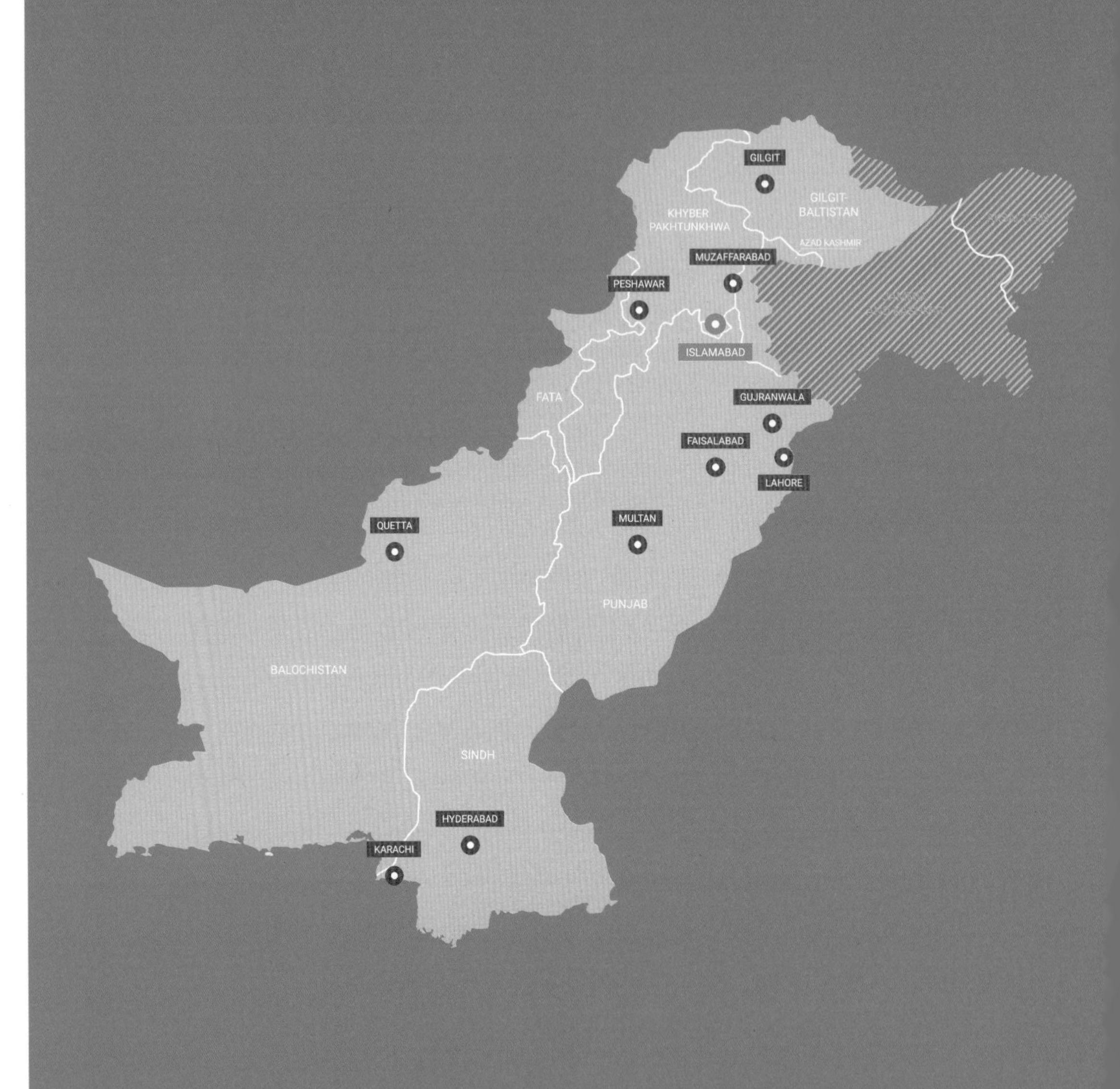

GILGIT
GILGIT-BALTISTAN
KHYBER PAKHTUNKHWA
AZAD KASHMIR
MUZAFFARABAD
PESHAWAR
ISLAMABAD
FATA
GUJRANWALA
FAISALABAD
LAHORE
QUETTA
MULTAN
PUNJAB
BALOCHISTAN
SINDH
HYDERABAD
KARACHI

49

파키스탄 이슬람 공화국

▍01 파키스탄 전개과정

▍02 수도 이슬라마바드

▍03 카라치

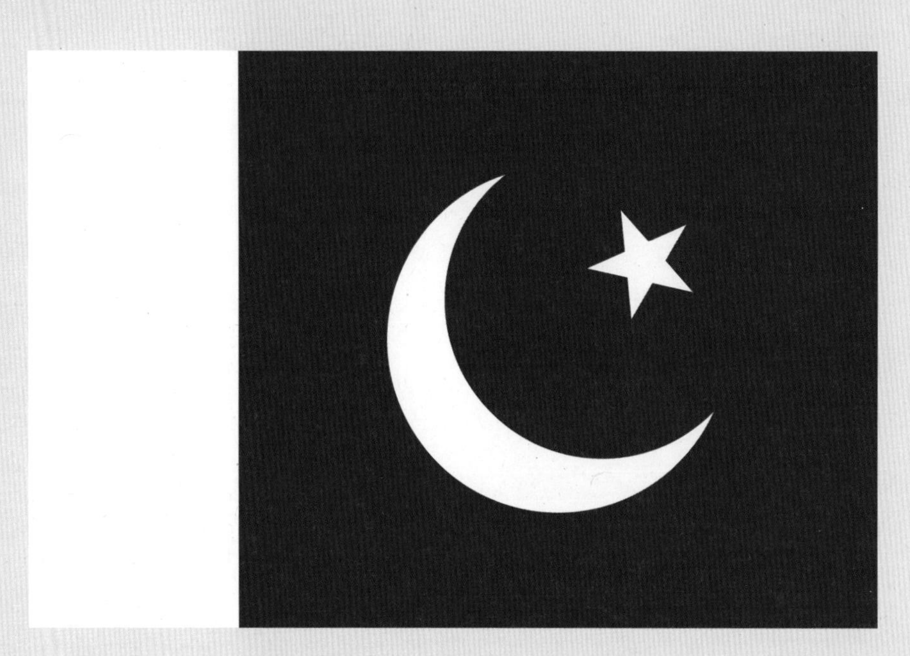

그림 1 **파키스탄 이슬람 공화국 국기**

01 파키스탄 전개과정

파키스탄의 공식명칭은 파키스탄 이슬람 공화국이다. 우르두어로 Islāmī Jumhūriyah Pākistān(이슬라미 줌후리야 파키스탄)이라 한다. 영어로 Islamic Republic of Pakistan으로 표기한다. 약칭으로 파키스탄, Pakistan이라 쓴다. 881,913㎢ 면적에 2022년 기준으로 242,923,845명이 거주한다.

Pakistan(파키스탄)이라는 국명은 '순수한 땅'이란 뜻이다. Pāk은 페르시아어와 파슈토어로 '순수한'을, 페르시아어 접미사 –stan은 '땅'을 의미한다. 발음을 쉽게 하기 위해 i가 추가되었다. 국명은 파키스탄의 독립운동가 라흐마트 알리(Rahmat Ali)가 1933년에 발간한 팸플릿 『*Now or Never*』에서 제안했다. 『지금 아니면 절대로』라는 뜻이다. 파키스탄의 영토를 발루치스탄, 신드, 펀자브와 카슈미르, 아프가니아 등으로 제시했다. 팸플릿에는 "「파키스탄」에 살고 있는 3천만 무슬림들이여"라는 문구가 적혀있다.

파키스탄 국기는 1947년 제헌의회에서 채택됐다. 어두운 녹색 바탕에 초승달과 별이 있다. 깃대 쪽에 흰색 세로 줄무늬가 있다. 녹색은 파키스탄의 무슬림 다수 종교를 나타낸다. 흰색 줄무늬는 힌두교, 기독교, 시크교, 조로아스터교 등 비무슬림 소수 종교를 표현한다. 초승달은 진보를 의미한다. 별은 빛과 지식을 나타낸다. 초승달과 별은 이슬람교 국가를 상징한다.그림 1

파키스탄의 국어는 우르두어다. 공용어는 우르두어와 영어다. 파키스탄인 7%가 우르두어를 모국어로 사용한다. 영어와 우르두어는 중·고등학교에서 필수 과목으로 가르친다. 영어는 행정부, 입법부, 사법부, 군 장교, 학교 등에서 널리 사용된다. 사용자가 1,000,000명이 넘는 언어는 펀자브어(38.8%), 파슈토어(18.2%), 신디어(14.6%), 사라이키어(12.2%) 등이다.

파키스탄의 지형은 북부 고지대, 인더스 강 평야, 발루치스탄 고원으로 나뉜다. 파키스탄의 높은 산은 8,611m의 K2와 8,126m의 낭가 파르바트다. 인더스강은 티베트에서 발원해 히말라야와 카슈미르를 거친다. 파키스탄 중앙을 관통해 남쪽 아라비아해로 흘러들어 간다. 강의 길이는 3,180km다. 펀자브와 신드에는 충적 평원이 펼쳐져 있다.

파키스탄의 인더스 유역에서 고대 문명이 발달했다. 석기, 청동기, 철기 시대를 거쳤다. BC 1000년경 펀자브의 탁실라(Taxila)에서 베다문명이 꽃피웠다. 711년 무슬림이 신드(Sindh)를 점령했다. 이슬람교가 퍼졌다. 1526년 무굴 제국이 건국됐다. 라호르가 발달했다. 18세기 영국 동인도회사가 파키스탄에 무역기지를 세웠다. 1765년 영국은 인도 아대륙을 차지했다. 1820년경 영국이 파키스탄 식민 통치를 시작했다. 1835년 영국교육법이 시행됐다. 1857년 이후 90년 동안 영국이 파키스탄을 직접 통치했다. 1885년 힌두교는 인도국민회의를 통해 뭉쳤다. 1906년 무슬림은 전인도 무슬림연맹을 창설해 결집했다. 인도국민회의는 반영(反英) 입장에서 인도 독립을 외쳤다. 무슬림은 친영(親英) 자세로 영국식 민주주의를 선호했다. 1937-1939년 사이 무슬림 지도자 무함마드 알리 진나는 「두 개의 국가 독립론」을 주장했다. 1947년 파키스탄은 영국으로부터 독립했다. 파키스탄 영토는 서부 펀자브, 신드, 발루치스탄, 동부 벵골, 북서부 국경지역이었다. 무슬림이 다수였다. 펀자브에서 힌두교와 무슬림이 충돌해 사상자가 발생했다. 6,500,000명의 무슬림이 인도에서 파키스탄으로 이주했다. 4,700,000명의 힌두교도와 시크교도가 파키스탄에서 인도로 피난갔다. 잠무-카슈미르 영유권과 종교 갈등 등으로 1947년 인도-파키스탄 전쟁이 발발했다. 1965년, 1971년, 1999년에 걸쳐 양국 간의 전쟁이 이어졌다. 1971년 파키스탄은 동부 영토에서 철수했다. 1973년 파키스탄 이슬람 공화국 헌법이 제정됐다.

2021년 기준으로 파키스탄 직업별 노동력은 농업 37.4%, 산업 25.4%, 서비스업 37.2%다. 주산업은 섬유, 식품 가공, 제약, 수술 도구, 건축 자재, 비료, 새우, 종이 제품 등이다. 2022년 1인당 GDP는 1,658달러다. 노벨상 수상자가 3명 있다.

파키스탄의 공식 종교는 헌법에 이슬람교로 명시되어 있다. 2017년 기준으로 파키스탄의 종교 구성은 이슬람 96.5%, 힌두교 2.1%, 기독교 1.3% 등이다. 이슬람 문화가 생활양식 전반에 걸쳐 영향을 미친다.

그림 2 파키스탄 수도 이슬라마바드

02 수도 이슬라마바드

이슬라마바드는 파키스탄 수도다. 220㎢ 면적에 2017년 기준으로 1,009,832명이 거주한다. 이슬라마바드 대도시권 인구는 2,003,368명이다. 1960년대에 계획도시로 건설했다. 고도 540m에 입지했다.그림 2

Islamabad(이슬라마바드)의 Islam은 파키스탄 국교인 이슬람 종교를, 페르시아어 접미사 -abad는 도시를 의미한다. 곧 '이슬람의 도시'라는 뜻이다.

1947년 파키스탄이 독립했을 때 카라치(Karachi)가 수도였다. 1958년 수도 이전 논의가 시작됐다. 카라치는 국토 남쪽 끝에 위치했고 아라비아 해의 공격에 노출되어 있었다. 위치, 기후, 병참, 방어 등의 입지 요인을 검토했다. 1959년 라왈핀디 북동쪽 이슬라마바드가 추천됐다. 이슬라마바드는 전국에서 쉽게 접근할 수 있는 장소였다. 이슬라마바드는 라왈핀디의 육군 본부와 북쪽의 카슈미르 분쟁 지역에 가까웠다. 수도는 단계적으로 이동됐다. 1960년대 초에 라왈핀디로 옮겼다. 1966년 필수 개발이 완료되면서 이슬라마바드로 천도했다. 1981년 이슬라마바드는 펀자브에서 분리됐다. 이슬라마바드-라왈핀디 대도시 지역이 형성됐다. 2015년 라왈핀디-이슬라마바드 메트로 버스 노선이 건설됐다. 이슬라마바드는 정부 활동 중심지다. 라왈핀디는 산업, 상업, 군사 활동 중심지다. 두 도시는 상호 보완적이다.

이슬라마바드 도시 형태는 남아시아 도시와 근본적으로 다르게 설계됐

그림 3 **파키스탄 이슬라마바드의 녹지 환경과 스카이 라인**

다. 이슬람 전통에 현대성을 결합시켰다. 널찍한 도로, 마르갈라 언덕 국립 공원, 샤카르파리안 공원 등 녹지와 숲으로 이루어진 녹색 도시다. 푸른 녹지 환경을 유지하려고 고층 스카이 라인 조성을 최소화했다.그림 3

그리스 건축가 콘스탄티노스 아포스톨로스 독시아디스(Doxiadis) 팀은 마르갈라 언덕(Margalla Hills)을 정점으로 하는 삼각형 모양의 그리드 마스터 플랜을 설계했다. 이슬라마바드 도시계획도가 돌판에 새겨져 있다. 이슬라마바드는 기능상 행정, 상업, 교육, 산업, 외교, 주거, 농촌, 녹지의 8개 구역으로 구분되어 있다. 도시계획 관점에서 5개의 Zone(지대)으로 나뉘어 있다. 1, 2지대는 주거 지역이다. 1, 2지대 각 지역은 A에서 I까지 문자로 섹터를 표시했다. 각 섹터의 하위 단위는 번호를 매겼다. E-7에서 E-17까지에는 외국인과 외교관이 거주한다. E-8, E-9에는 대학 캠퍼스가 입지했다. F-5에는 소프트웨어 기술 단지가 위치했다. F-9는 파티마 진나 공원이다. G-5에는 진나 컨벤션 센터가, G-6에는 레드 모스크가, G-8에는 의료 단지가 있다. H에는 교육과 보건 기관이 소재했다. I 섹터 대부분은 산업 지역이다. 3지대는 마르갈라 언덕과 마르갈라 언덕 국립 공원이다. 라왈 호수가 있다. 4, 5지대는 이슬라마바드 공원과 도시 안의 시골 지역이다.그림 4

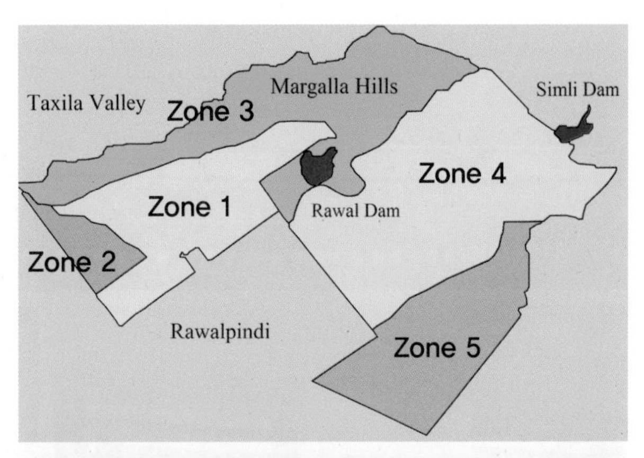

그림 4 **파키스탄 이슬라마바드의 도시계획도와 돌판**

그림 5 **파키스탄 이슬라마바드의 국회의사당, 대통령궁, 대법원**

파키스탄 의회는 상원과 하원의 양원제다. 국회의사당은 1960년까지 카라치에 있었다. 1986년에 이슬라마바드로 옮겨 새로 개관했다. 대통령궁은 아이완-에-사드르(iwan-e-Sadr)라 한다. 대통령의 공식 청사다. 1970-1981년 기간에 지었다. 의회 건물과 파키스탄 사무국의 내각 블록 사이에 위치했다. 대법원은 카라치에 있다가 이슬라마바드 헌법 애비뉴로 이전했다. 대법원 남쪽에 총리실이, 북쪽에 대통령궁과 국회의사당이 있다. 모더니즘 스타일이다. 1960년대-1990년대에 대법원 기념비, 기반 시설, 법률 도서관을 구축했다.그림 5

파키스탄 총리는 파키스탄 이슬람 공화국 정부의 수장이다. 행정 권한은 총리와 그가 선택한 내각에 있다. 총리는 파키스탄 하원에서 과반수를 차지한 정당의 지도자다. 총리가 일하는 총리실은 이슬라마바드 북동쪽에 위치했다. 파키스탄 사무국은 파키스탄 정부의 내각 본부다. 이슬라마바드 수도

그림 6 **파키스탄 이슬라마바드의 총리실과 사무국**

특별구의 레드 존에 위치했다. 블록 A에는 상무부, 섬유산업부, 산업생산부, 석유 천연 자원부, 수력부가 있다. 블록 B에는 국가식품안전연구부가 있다. 블록 D에는 통신부, 철도부가 있다. 블록 P에는 기획개발부가, 블록 Q에는 재정경제부가 있다. 블록 R에는 법무부, 카슈미르부 등이 있다. 블록 S에는 국무부 등이 있다.그림 6

파이잘 모스크는 파키스탄 국립 모스크다. 마르갈라 언덕 기슭에 위치했다. 1976-1986년 기간에 세웠다. 파이잘 왕의 이름을 따서 명명했다. Faisal(파이잘)은 1975년 암살될 때까지 사우디 아라비아의 왕이었다. 베두인 텐트 모양에서 영감을 얻었다 한다. 추상적인 방식으로 사우디 Kaaba(카바)의 정신, 비율, 기하

그림 7 **파키스탄 이슬라마바드의 파이잘 모스크**

그림 8 **파키스탄 이슬라마바드 인근의 타르벨라 댐**

학을 포괄하려 했다고 설명한다. 최대 300,000명의 참배자를 수용할 수 있다. 삼각형 예배홀의 수용 규모는 10,000명이다. 입구는 동쪽에 있다. 돔이 없는 모스크다. 4개의 첨탑은 각각 높이가 79m, 둘레가 10×10m다. 경사진 지붕은 8면의 조개 모양이다. 텐트 모양의 메인 홀 내부는 흰색 대리석으로 덮여 있다. 모자이크, 서예, 터키 스타일의 샹들리에로 장식되어 있다. 기도실 앞에는 현관이 있는 안뜰이 있다. 모스크에는 도서관, 강당, 박물관, 카페가 있다.그림 7

타르벨라 댐은 인더스 강물로 만든 댐이다. 타르벨라는 댐이 있는 마을 이름이다. 이슬라마바드에서 북서쪽으로 105km 떨어져 있다. 히말라야 산기슭에서 발원한 인더스강은 포트와르 플리토로 들어가면서 타르벨라 호수에 저장된다. 댐 저수지인 타르벨라 호수는 표면적 260㎢, 최대 수심 140m, 저장 용량 14.33㎦다. 댐은 1976년에 완공됐다. 물의 유출을 제어하는 9개의 문이 있다. 관개, 홍수 조절, 수력 발전을 위해 활용된다. 흙과 암석으로 지어진 주 댐 벽은 2,743m 뻗어 있다. 높이는 148m다. 한 쌍의 콘크리트 보조 댐이 있다. 인더스 강은 히말라야 빙하가 녹은 물이기 때문에 많은 양의 퇴적물을 운반한다. 타르벨라 호수는 퇴적물 침전으로 발전 용량이 감소했다.그림 8

그림 9 **파키스탄 카라치**

03 카라치

카라치는 남쪽 끝 아라비아해 연안에 입지했다. 3,780㎢ 면적에 2017년 기준으로 14,916,456명이 거주한다. 카라치 대도시권 인구는 16,051,521명이다. 카라치 항구와 진나 국제공항이 있는 교통 중심지다. 뉴스, 영화, 패션, 미디어 산업이 이뤄진다. 다국적 기업과 은행의 본사가 있는 경제 도시다. 해변이 있고 역사적 건축물이 많다. 1729년 새 정착지 마이 콜라치(Mai Kolachi)의 이름을 따서 Karachi로 명명되었다 한다.그림 9

마자르-에-콰이드(Mazar-e-Quaid)는 파키스탄 건국자 무하마드 알리 진나의

그림 10 **파키스탄 카라치의 알리 진나 영묘 마자르-에-콰이드**

영묘다. 그는 1948년 71세 나이로 병사했다. 영묘는 1960-1971년 기간에 세웠다. 모더니즘 스타일이다. 카라치의 상징이다. 도시 어디에서도 보인다. 영묘는 흰색 대리석으로 마감되어 있다. 높은 플랫폼에 곡선형 아치와 구리 그릴로 구성되어 있다. 영묘 건물은 4m 높이의 플랫폼 위에 세워졌다. 영묘의 높이는 43m이고, 바닥 면적은 3,100㎡다. 내부 성소에는 무하마드 알리 진나의 석관과 다른 무덤이 안장되어 있다. 파키스탄을 위해 헌신한 분들의 무덤이다. 천장에는 4단 크리스탈 샹들리에가 있다. 각 벽에는 입구가 있다. 계단식 도로가 영묘 입구로 이어진다. 영묘는 네오 무굴 양식으로 배치된 넓은 정원으로 둘러싸여 있다. 정원은 53ha다. 파키스탄의 날, 독립 기념일 등 특별한 날에 영묘에서 공식 의식이 거행된다.그림 10

카라치에는 3,000개가 넘는 모스크가 있다. 그랜드 자미아(Grand Jamia) 모스크는 바리아 타운 카라치에 건설 중인 문화 복합 단지다. 2015년에 짓기 시작했다. 한 번에 800,000명이 참배할 수 있다. 무굴과 페르시아 건축 양식을 융합했다. 18m 언덕 위에 있다. 면적이 20ha다. 99m의 단일 미나렛이 세워졌다. 150개의 돔이 있다. 가장 큰 단일 돔의 높이는 75m다. 발루치스

그림 11 **파키스탄의 바리아 타운 카라치 그랜드 모스크**

그림 12 **파키스탄 카라치의 트럭 아트**

탄 베이지색 대리석이 사용됐다. 사방이 아치 모양의 벽으로 둘러싸인 넓은 정원이 있다. 안뜰 내에 분수가 있다.그림 11

트럭 아트는 정교한 꽃무늬, 그림, 서예 등을 트럭에 장식하는 예술이다. 카라치에서는 트럭 아트를 흔히 볼 수 있다. 다양한 역사적 장면과 시적 구절도 묘사된다. 앞 범퍼에 체인과 펜던트를 매달기도 한다. 체인과 펜던트로 인해 짤랑거리는 소리가 나기 때문에 「징글 트럭」이란 말이 생겼다. 라왈핀디와 이슬라마바드에서는 플라스틱으로, 페샤와르에서는 나무로, 신드에서는 낙타 뼈로 트럭 아트를 꾸민다.그림 12

파키스탄은 1947년에 독립했다. 1973년 파키스탄 이슬람 공화국 헌법이 제정됐다. 파키스탄의 국어는 우르두어다. 공용어는 우르두어와 영어다. 파키스탄 2022년 1인당 GDP는 1,658달러다. 노벨상 수상자가 3명 있다. 파키스탄의 공식 종교는 이슬람교다. 2017년 기준으로 종교 구성은 이슬람 96.5%, 힌두교 2.1%, 기독교 1.3% 등이다.

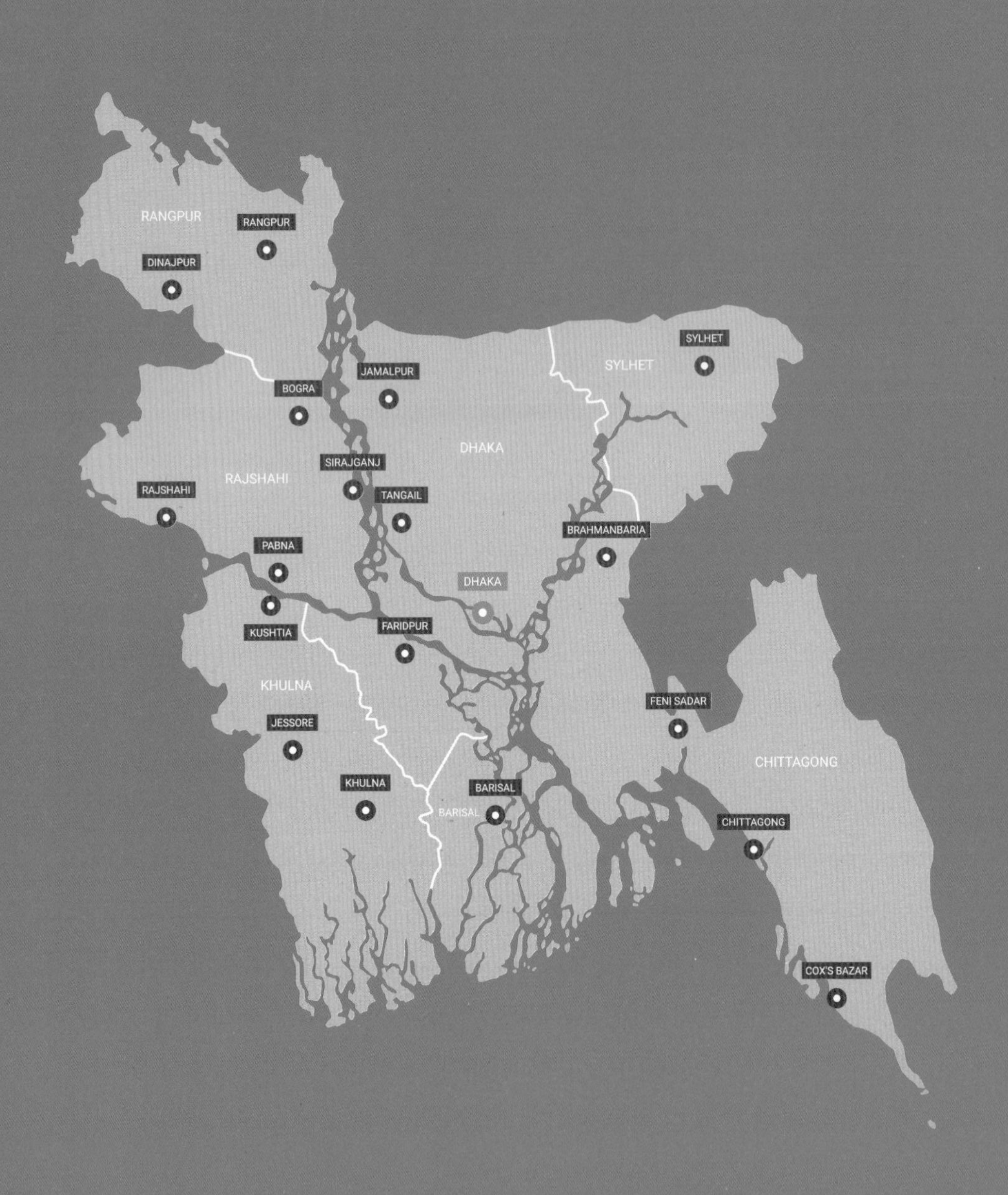
RANGPUR
RANGPUR
DINAJPUR
SYLHET
SYLHET
JAMALPUR
BOGRA
DHAKA
SIRAJGANJ
RAJSHAHI
RAJSHAHI
TANGAIL
BRAHMANBARIA
PABNA
DHAKA
KUSHTIA
FARIDPUR
KHULNA
FENI SADAR
JESSORE
CHITTAGONG
KHULNA
BARISAL
BARISAL
CHITTAGONG
COX'S BAZAR

50

방글라데시 인민 공화국

그림 1 방글라데시 인민 공화국 국기

방글라데시(Bangladesh)의 공식명칭은 방글라데시 인민 공화국이다. 벵골어로 Gônoprojatontrī Bangladesh(고노프로자톤트리 방라데시)라 한다. 약칭으로 방글라데시, Bangladesh라 쓴다. 148,560㎢ 면적에 2018년 기준으로 161,376,708명이 거주한다.

벵골은 고대 왕국 Banga에서 유래했다. 인도-아리안 접미사 Desh는 '나라, 땅'이란 뜻이다. Bangladesh는 '벵골의 나라(Bengali Country)', '벵골의 땅'이란 의미다.

방글라데시 국기는 1972년 제정됐다. 1971년 방글라데시 독립 전쟁에서 사용했던 기에 기초했다. 짙은 녹색 바탕이다. 빨간색 원이 가운데에 그려져 있다. 약간 왼쪽이다. 녹색은 방글라데시의 풍요로운 대지를, 빨간색 원은 태양을 나타낸다.그림 1

벵골어는 방글라데시의 모국어이고 공용어다. 98% 이상이 벵골어를 쓴다. 벵골 문자다. 데바나가리 문자와 비슷하다. 교육기관에서는 영어 사용도 허용된다. 방글라데시 종교는 이슬람교 91.4%, 힌두교 8%다. 불교와 기독교는 1% 미만이다.

방글라데시 국경선의 대부분은 인도와, 남동쪽 일부는 미얀마와 접한다. 국토는 갠지스 삼각주에 위치한다. 삼각주는 갠지스강, 브라마푸트라강, 메그나강과 그 지류들이 합류해 형성된다. 갠지스강은 벵골만으로 흘러 들어간다. 방글라데시는 비옥한 평지다. 대부분이 해발 12m 미만이다. 해수면이 1m 상승하면 육지의 10%가 침수될 것으로 추정한다. 국토의 17%는 숲으로 덮여 있다. 가장 높은 지점은 해발 1,064m의 사카 하퐁이다. 홍수, 사이클론, 토네이도, 해일 등의 자연 재해로 피해를 입는다.

1000년경부터 무슬림이 방글라데시에 자리잡았다. 1947년 영국으로부터 독립했다. 무슬림의 동파키스탄과 힌두교의 서파키스탄로 분리됐다. 이슬람은 동서로 나뉜 파키스탄으로 분리됐다. 두 곳은 1,000km 이상 떨어져 있다. 두 지역의 말이 서로 달랐다. 동파키스탄은 벵골어고, 서파키스탄은 우르두어였다. 언어, 거리, 정치적 이유로 두 지역이 대립했다. 방글라데시 독립 전쟁으로 이어졌다. 인도가 동파키스탄의 독립을 지지했다. 1971년 방글라데시가 독립했다. 1972년 방글라데시 인민 공화국 헌법이 발효됐다.

경제 활동은 면화, 섬유, 차, 종이, 시멘트, 설탕, 경공업, 의약품 산업이 활성화되어 있다. 2017년 추정으로 직업별 노동력은 농업 40%, 산업 20%, 서비스 39%다. 2022년 1인당 GDP는 2,734달러다. 노벨상 수상자가 1명 있다.

다카는 수도다. 305.47㎢ 면적에 2022년 기준으로 10,278,882명이 거주한다. 다카 대도시권 인구는 22,478,116명이다. 갠지스 삼각주의 부리강가강, 투라그강, 달레슈와리강, 시탈락샤강이 다카와 주변지역에 흐른다. 무굴 벵골의 수도였다. 벵골 모스린 무역 중심지였다. 무굴의 아우랑제브 황제는 벵골을 「국가의 낙원」이라고 했다. 무굴은 정원, 무덤, 모스크, 궁전, 요새를 건설했다. 영국은 전기, 철도, 영화관을 세웠다. 다카는 서양식 대학과 현대식 물 공급 체계를 갖췄다. 1947년 동파키스탄의 행정 수도가 되었다. 1962년 파키스탄의 입법 수도로 선언됐다. 1971년 독립 방글라데시의 수도가 되었다. 2008년 다카는 자치시 400주년을 맞았다. 다카는 방글라데시 경제의 35%를 차지한다. 무굴과 영국 시대의 건물 2,000채가 있다. 원래의 지명 Dhakka는 '망루'를 뜻한다. 이에 Dhaka는 요새화 목적의 망루로 사용되었을 가능성이 크다고 설명한다.

그림 2 **방글라데시 수도 다카의 국회의사당 단지와 스카이 라인**

자티야 상사드 바반은 방글라데시 국회의사당이다. 1961-1982년의 기간에 지었다. 바닥 면적이 810,000㎡다. 벵골 문화와 유산을 대표하려 했다. 광장, 인공 호수, 국회의원 주거 호스텔, 잔디밭을 포괄하는 복합 단지다. 단지는 중앙광장, 남광장, 대통령광장으로 나뉜다. 중앙광장에 국회의사당이 있다. 본관의 최대 높이는 36m다. 포물선 쉘 지붕이 있는 건물이다. 지붕은 햇빛이 들어올 수 있도록 지었다. 본관은 9개의 개별 블록으로 구성됐다. 중앙 팔각형 블록은 주변 8개의 블록보다 높다. 위원회실, 장관, 일부 상임위원회 의장실, 사무국 등이 있다. 남광장은 국회의사당 정문 역할을 한다. 제어 게이트, 차도, 기계 공장실, 유지 보수 엔지니어 사무실 등이 있다. 본관으로 직접 연결되는 계단과 경사로가 놓여있다. 대통령 광장은 북쪽에 있다. 호수

그림 3 **방글라데시 다카의 중심업무지구 모티힐 타나**

도로를 마주한다. 대리석 계단, 갤러리, 포장 도로로 꾸며져 있다. 인공 호수는 국회의사당 본관의 3면을 둘러싸고 있다. 국회의원 호스텔 단지까지 이어진다. 복합 단지는 산책로, 조깅 코스로 활용된다. 단지는 1968년 우표에 소개됐다. 1989년 아가 칸 건축상을 수상했다. 국회의사당 단지 너머로 다카의 스카이 라인이 보인다.그림 2

모티힐 타나(Motijheel Thana)는 다카의 중심업무지구다. 4.69㎢ 면적에 1991년 기준으로 223,676명이 거주한다. 은행, 기업 본사, 뉴스, 잡지, 인쇄, 미디어 출판사가 소재했다. 시티 센터 방글라데시와 방글라데시 은행 건물이 있다. 종교 기관, 교육 기관, 문화 단체 클럽, 영화관, 커뮤니티 센터, 놀이터 등이 있다. 모티힐 타나는 다카 카말라푸르 기차역에서 가깝다. 모티힐 타나는 북쪽에 람나, 람푸라, 킬가온 타 나스, 남쪽에 수트라푸르 타나, 동쪽에 킬가

그림 4 **방글라데시 다카의 랄바그 요새**

온, 사부즈 바그 타 나스, 서쪽에 팔탄, 람나 타나스로 둘러싸여 있다.그림 3

랄바그 요새는 1678년 무굴 시대에 세웠다. 1844년 이 지역 지명이 아우랑가바드에서 랄바그로 바뀌었다. 요새 명칭이 랄바그 요새가 되었다. Lal-bagh(랄바그)는 무굴 시대의 붉은색과 분홍빛으로 지은 건축물이다. 랄바그 요새는 무굴 지방 벵골, 비하르, 오리사 지도자의 공식 관저였다. 요새에는 두 개의 관문, 디와니암, 모스크, 무덤이 있다. 두 개의 관문은 아치 형태다. 디와니암(Diwan-i-Aam)은 벵골 지도자의 거주지다. 서쪽에 터키식 목욕탕이 있다. 지하에 물을 끓일 수 있는 시설이 있다. 2층은 거주 공간이다. 거주 공간을 연결하는 중앙 복도가 있다. 모스크에는 3개의 돔이 있다. 요새에는 잔디밭, 분수, 수로가 조성되어 있다. 요새를 지키던 무굴 포병이 보관되어 있다. 랄바그 요새는 오래된 다카의 유적지로 등재됐다.그림 4

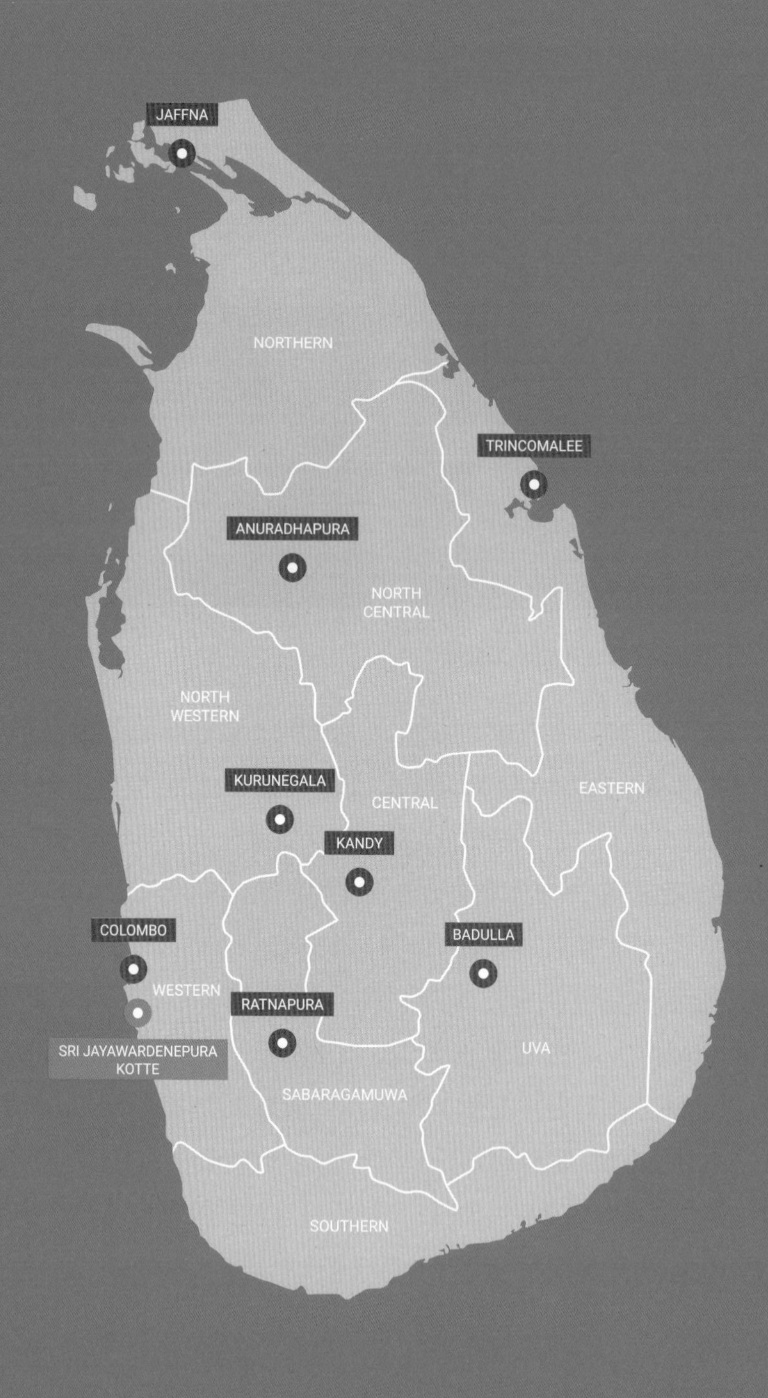

JAFFNA
NORTHERN
TRINCOMALEE
ANURADHAPURA
NORTH
CENTRAL
NORTH
WESTERN
KURUNEGALA
CENTRAL
EASTERN
KANDY
COLOMBO
BADULLA
WESTERN
RATNAPURA
SRI JAYAWARDENEPURA
KOTTE
UVA
SABARAGAMUWA
SOUTHERN

51

스리랑카 민주 사회주의 공화국

그림 1 스리랑카 민주 사회주의 공화국 국기

스리랑카는 남아시아 인도양에 있는 섬나라다. 65,610㎢ 면적에 2020년 추정으로 22,156,000명이 산다. 법률적 수도는 코테다. 실질적 수도는 콜롬보다.

스리랑카는 싱할라어로 Śrī Laṅkā Prajātāntrika Samājavādī Janarajaya(스리 랑카 프라자탄트리카 사마자바디 자나라자야)라 한다. 타밀어로 Ilaṅkai Jaṉanāyaka Sōsalisak Kuṭiyarasu(일랑카이)라 한다. 영어로는 Democratic Socialist Republic of Sri Lanka라 표기한다. 한글로는 스리랑카 민주 사회주의 공화국으로 쓴다. 약칭으로 스리랑카, 일랑카이, Sri Lanka라 표현한다. 1505년 포르투갈은 실랑(Ceylon)이라 했다. 영어로 음역하여 실론(Ceylon)으로 불렀다. 1948-1972년의 국명은 실론(Ceylon)이었다. 1972년에 국명이「스리랑카 자유주권독립 공화국」으로 변경됐다. 1978년에 오늘의 국명으로 바뀌었다. 이곳은 오래 전부터 싱할라어로 랑카, 타밀어로 일랑카이로 불렸다. 랑카(Lanka)는 '섬'을, 스리(Sri)는 존칭어다. '빛나는 땅(Resplendent Land)'이란 의미로 설명한다. 스리랑카는「인도의 눈물」이라는 별칭이 있다. 지리적으로 인도 아래 쪽에 맞닿아 있고, 국토 모양이 '눈물' 또는 '진주'처럼 생겼기 때문이다.

스리랑카의 국기는 사자(Lion)기라고도 한다. 1972년에 제정됐다. 오른쪽에는 적갈색 직사각형이 있다. 직사각형 가운데에 금색 사자가 서 있다. 오른쪽 앞발에 금색 칼을 들었다. 직사각형 모서리에 네 개의 금색 보리수 잎이 있다. 왼쪽에는 주황색과 청록색의 세로 줄무늬가 있다. 황금색 테두리가 그려 있다. 사자는 싱할라족과 국가의 힘을 의미한다. 코는 지능을, 수염은 순수성을, 곱슬 머리는 지혜를, 두 앞발은 순결을, 꼬리의 여덟 털은 팔정도를 뜻한다. 검은 국가의 주권을, 검의 손잡이는 물, 불, 공기, 흙의 원소를 상징한다. 보리수 잎은 불교의 자애, 연민, 기쁨, 평정을 함의한다. 오른쪽 적갈색 바탕은 상할라족을, 왼쪽의 주황색 줄무늬는 타밀족을, 청록색 줄무늬는 무어족을 나타낸다. 황금색 테두리는 스리랑카의 소수 공동체를 뜻한다.그림 1

스리랑카 공용어는 싱할라어와 타밀어다. 영어도 쓰인다. 민족 구성은 싱할라족 75%, 타밀족 11.2%, 무어족 9% 등이다. 종교는 2012년 센서스에 따르면 불교가 70.2%로 제일 많다. 힌두교는 12.6%이고, 이슬람교는 9.7%이며, 기독교는 7.4%다.

BC 543년 인도 벵골에서 온 도래 민족이 싱할라족이다. BC 250년 아소카 왕의 아들이 불교를 전파했다. 16세기 이후 포르투갈, 네덜란드, 영국이 들어왔다. 1833년 근대적 개혁이 단행됐다. 1880년대에 커피 대신 차를 생산했다. 인도 타밀족이 대거 유입됐다. 1948년 영국 연방의 일원으로 독립했다. 1972년에 공화정으로 바뀌었다. 상할라인은 불교를, 타밀인은 힌두교를 믿었다. 1976-2009년 사이에 상할라인과 타밀인 간의 갈등이 있었다.

스리랑카는 시나몬, 고무, 실론티의 플랜테이션 경제였다. 1977년 이후 농산물 가공, 직물, 전신, 금융, 직물 산업이 활성화됐다. 사파이어와 알렉산드라이트 등의 보석 생산이 이뤄진다. 2020년 기준으로 직업별 노동력은 농업 27.1%, 산업 26.9%, 서비스 46.0%다. 2022년 1인당 GDP는 3,293달러다. 노벨상 수상자가 1명 있다.

코테는 스리랑카의 법률적인 행정 수도다. 17㎢ 면적에 2001년 기준으로 115,826명이 거주한다. 코테 대도시권 인구는 2,234,289명이다. 정식 지명은 스리 자야와르데네푸라 코테다. 줄여서 코테라 한다. 17㎦ 면적에 2001년 기준으로 115,826명이 거주한다. 코테 대도시권 인구는 2,234,289명이다. 콜롬보의 위성도시/교외지역이다. 이곳은 14세기 말부터 16세기 말까지 코테 왕국의 수도였다. Sri Jayawardenepura(스리 자야와르데네푸라)라는 별칭을 얻었다. '점점 성장하는 눈부신 승리의 도시'라는 뜻이다. 1505년 포르투갈이 들어와 1565년까지 이 곳을 점유했다. 1565년에 새로운 수도 콜롬보로 떠났다. 19세기에 다시 코테에 도시화가 진행됐다. 1982년 입법부가 들어왔다. 새로운 의회 건

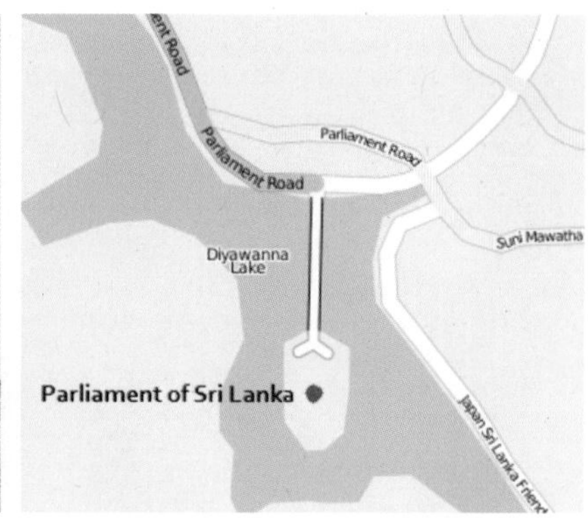

그림 2 **스리랑카 콜롬보의 구(舊) 국회의사당과 코테의 국회의사당 위치**

물이 코테 디야완나 호수 중앙의 두와(Duwa)섬에 지어졌다. 콜롬보에 있는 구 국회의사당은 스리랑카 대통령 비서실로 바뀌었다. 구 국회의사당은 1930년에 건설되어 1983년까지 입법부 건물로 사용됐다. 네오 바로크 양식이다. 현재의 대통령 비서실에는 참모부장, 시민 서비스와 고충 대응부, 헌법 법무과, 재무회계과, 정보통신기술부, 내부 관리 부서, 미디어 조정 장치, 정책 조정과 모니터링 부서, 정책 연구와 정보 부서, 대통령 미디어 부서, 공공 서비스 평가와 사회 복지 부서, 종교사무과, 비서국 등이 있다.그림 2

콜롬보는 스리랑카의 실질적인 경제 수도다. 37.31㎢ 면적에 2011년 기준으로 752,993명이 거주한다. 콜롬보 대도시권 인구는 5,648,000명이다. 콜롬보 대도시권은 콜롬보, 코테, 데히왈라 마운트 라비니아 등을 포괄한다. 1815년 스리랑카 수도가 되었다. 1978년 행정 기능이 코테로 이전하면서 콜롬보는 스리랑카의 경제 수도로 지정됐다. Colombo는 '캘라니강에 있는 항구'라는 뜻이다. 상할라어다. '잎이 무성한 녹색 망고 나무가 있는 항구'라는 의미도 있다고 한다.

콜롬보에는 베이라 호수, 갈레 페이스 그린, 기업 본부, 비하라마하데비 공

그림 3 **스리랑카 콜롬보의 스카이 라인**

원, 콜롬보 경마장, 마운트 라비니아 비치, 강가라마야 사원, 콜롬보 로터스 타워, 국립 박물관 등이 있다. 베이라 호수 주변에는 대기업이 입지했다. 100년 전에는 1.65㎢였으나 0.65㎢로 줄었다. 도시와 교외지역으로 상품을 운송하는 운하와 연결됐다. 갈레 페이스 그린은 면적 5.0ha의 도시공원이다. 세계 드럼 축제 등 국제/지역 콘서트와 공연이 개최된다. 경마장, 골프장, 크리켓 경기장으로 사용됐던 곳이다. 이곳에 카길(1844년 설립), 에이트켄 스펜스(1868), 존 킬스 홀딩스(1870), 트윈타워(1970년대), 세계무역센터(1997) 등이 입지했다. 화학, 섬유, 유리, 시멘트, 가죽 제품, 가구, 보석류 기업도 있다.그림 3

시마 말라카는 콜롬보에 있는 불교 사원이다. 19세기 후반에 지었다. 예배보다 명상과 휴식을 위해 사용된다. 베이라 호수 가운데에 위치했다. 강가라

그림 4 **스리랑카 콜롬보 시마 말라카 불교 사원의 불상**

마야 사원의 일부다. 동쪽으로 몇 백 미터 떨어져 있다. 원래 구조물이 1970년대 물 속으로 가라앉았다. 1976년 사원을 재설계하고 건축했다. 사원은 본토와 부교로 연결된 물 위의 세 개의 플랫폼에 건설됐다. 사원의 주요 지붕은 파란색 타일로 덮여 있다. 세 플랫폼에는 서로 다른 무드라(mudras)를 표시하는 수많은 좌불상이 있다. 중앙 플랫폼에는 명상을 위한 나무 판넬 쉼터가 있다. 측면 플랫폼 중 하나에 자야 스리 마하 보디 나무의 가지에서 자란 보디 나무가 있다. 사원 입구와 단지 내에 불상이 있다.그림 4

콜롬보에는 30여 개의 힌두 사원이 있다. 자미 울 알파르 모스크는 1909년에 지은 이슬람 모스크다. 인도 사라센 스타일이다. 성 바울 교회 밀라기리야는 처음에 포르투갈이 지었다. 1848년 영국이 재건했다. 실론 성공회 교회다. 그리스 바실리카 스타일이다.

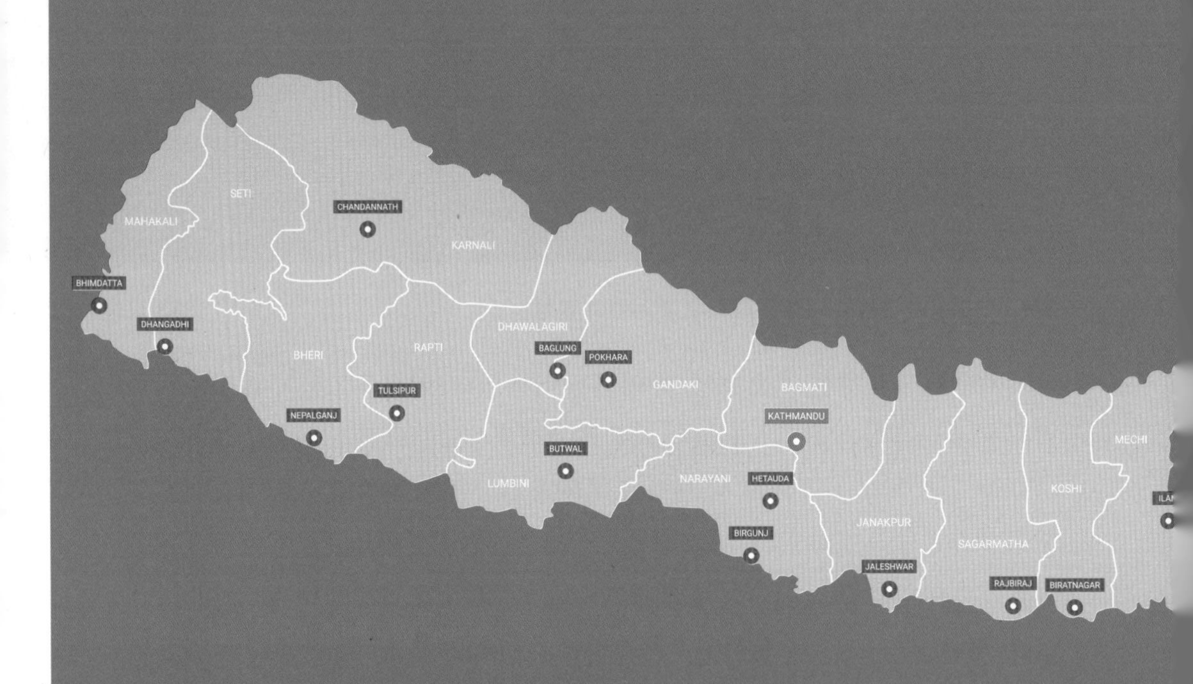

MAHAKALI
SETI
CHANDANNATH
KARNALI
BHIMDATTA
DHANGADHI
BHERI
RAPTI
DHAWALAGIRI
BAGLUNG
POKHARA
GANDAKI
BAGMATI
TULSIPUR
NEPALGANJ
KATHMANDU
MECHI
BUTWAL
LUMBINI
NARAYANI
HETAUDA
KOSHI
JANAKPUR
BIRGUNJ
SAGARMATHA
JALESHWAR
RAJBIRAJ
BIRATNAGAR

52

네팔 연방민주공화국

그림 1 네팔 연방민주공화국 국기

네팔의 공식 명칭은 네팔 연방민주공화국이다. 영어로 Federal Democratic Republic of Nepal이라 표기한다. 약칭으로 네팔, Nepal로 쓴다. 147,516㎢ 면적에 2022년 기준으로 29,187,037명이 거주한다. 남아시아 히말라야에 위치한 나라다. 중화인민공화국과 인도에 접해 있다.

Nepal이란 말은 고대 힌두 현자(賢者) Ne Muni 또는 Nemi로부터 유래했다. Pal은 '보호한다'는 뜻이다. 곧 Nepal은 'Ne에 의해 보호되는 땅'으로 해석한다.

네팔의 국기는 1962년에 제정됐다. 이중 페넌(double-pennon) 형태다. 두 개의 단일 페넌이 단순하게 조합된 펜던트다. 진홍색은 용맹을 상징한다. 네팔의 국화인 진달래 색이다. 파란색 테두리는 평화와 조율을 나타낸다. 두 개의 천체는 달과 태양이다. 달은 히말라야의 서늘한 날씨를, 태양은 남부 저지대의 더위와 고온을 상징한다. 양식화된 달은 네팔인의 차분한 태도와 순수한 정신을, 양식화된 태양은 네팔인의 맹렬한 결의를 나타낸다.그림 1

네팔 연방의 공식 언어는 네팔어다. 2011년 인구조사에서 네팔의 제1 언어인 모국어는 123개 언어가 나열되어 있다. 이 가운데 네팔어가 44.6%로 높았다. 마이틸리어가 11.7%이고, 보지푸리어가 6.0%였다. 네팔은 각 주에서 하나 이상의 추가 공식 언어를 선택하도록 했다. 2021년 기준으로 네팔 언어 위원회는 14개의 공식 언어를 추천했다. 네팔어는 데바 나가리 문자로 작성된다. 영어는 공식 문서에서 제2 언어로 사용된다.

네팔의 인종 그룹은 언어, 민족 정체성, 카스트 제도에 따라 분류된다. 2011년 인구조사에서 125개 네팔 카스트 그룹을 정리했다. 구성 비율은 카스 체트리 16.6%, 힐 브라만 12.18%, 마가르 7.12%, 타루 6.56%, 타망 5.81%, 네와르 4.99% 등이다.

그림 2 **네팔의 세계 최고봉 에베레스트**

네팔의 국토 형태는 길이 650km, 너비 200km인 직사각형이다. 산악 지대, 언덕지대, 습지대로 나뉜다. 북쪽의 국경 지대에는 에베레스트를 비롯한 히말라야가 있다. 고산 기후다. 남쪽의 국경 지역은 평원 지대로 비옥하다. 고온 다습하다. 그 중간에 언덕이 펼쳐진다.

네팔 북부의 히말라야는 고산이 즐비한 세계의 지붕이다. Himalaya라는 말은 산스크리트어 'him(눈)'과 'ā-laya(집, 주거)'에서 유래했다. 100여개 봉우리가 해발 7,200m 이상이다. 에베레스트가 8,848.86m로 제일 높다. 칸첸중가와 로체는 8,500-8,600m, 마칼루, 조오유, 다울라기리, 마나슬루, 낭가파르바트, 안나푸르나, 시샤팡마는 8,000-8,500m다. 1953년 뉴질랜드 산악인 에드먼드 힐러리는 세르파 텐징 노르게이와 최초로 에베레스트를 등정했다. 에베레스트는 티베트어로 '거룩한 어머니'라는 뜻이다.그림 2

BC 600년경 남부에 씨족연합이 형성됐다. 11세기 서부에 카스족 제국이 등장했다. 1768년 왕국이 세워졌다. 1814-1816년 영국과의 전쟁에서 패했다. 수가울리 조약으로 영토의 일부를 영국에 양도했다. 1923년 네팔과 영국은 우호 협정을 맺었다. 1924년 노예제가 폐지됐다. 2007년 국민 투표로 군주제가 폐지됐다. 239년 간의 왕정체제가 끝났다. 2008년 연방 공화국으로 변경됐다. 왕궁은 박물관으로 바뀌었다. 2015년 네팔 헌법이 반포됐다. 네팔은 7개 주로 구성된 연방민주공화국이 되었다.

네팔의 산업은 농업, 관광, 카펫, 직물, 시멘트, 벽돌 생산이 주다. 2020년 기준으로 직업별 노동력은 농업 43.1%, 산업 21.2%, 서비스업 35.7%다. 2022년 1인당 GDP는 1,293달러다.

네팔의 종교는 2011년 기준으로 힌두교가 81.3%로 제일 많다. 불교는 9.04%이고, 이슬람교는 4.39%이며, 기독교는 1.41%다. 파슈파티나트 힌

그림 3 **네팔 수도 카트만두의 석양 도시 경관**

두 사원은 1979년 유네스코 세계문화유산으로 등재됐다. BC 566년경 네팔의 룸비니에서 고타마 싯다르타가 출생했다. 카트만두에는 2,500여 개의 사원과 신전이 있다.

카트만두는 49.45㎢ 면적에 2021년 기준으로 845,767명이 거주한다. 카트만두 대도시권 인구는 2,900,000명이다. 인구밀도가 17,103명/㎢로 높다. 평균 고도는 1,400m다. Kathmandu(카트만두)는 더르바르 광장의 힌두교 사원 카스타만답(Kasthamandap)에서 유래했다. 카스타만답은 '나무로 덮인 보호소'라는 뜻이다. 2015년 지진으로 파괴됐으나 재건됐다. 카트만두는 바그마티강 북쪽의 카트만두 계곡 북서쪽에 있다. 카트만두 계곡에는 바그마티강과 지류인 8개의 강이 흐른다. 카트만두 중심에 인공 연못 라니 포카리가 있다. 1670년에 건설됐다. 180m×140m 크기의 사각형 연못이다.

그림 4 **네팔 카트만두의 파탄 더르바르 광장**

카트만두와 주변 계곡은 낙엽 몬순 삼림 지대다. 참나무, 느릅나무, 너도밤나무, 단풍나무 등 높은 고도에서 자라는 침엽수다. 카트만두는 인도와 티베트 사이의 고대 무역로였다. 이런 연유로 힌두교 불교 문화를 네팔 예술과 건축에 녹여냈다. 카트만두 계곡의 7개 유산 기념물과 건물이 1979년과 2006년에 걸쳐 유네스코 세계문화유산으로 등재됐다. 7개의 기념물 구역은 189ha다. 완충 구역은 2,394ha다. 7개 구역은 하누만도카 왕궁, 파탄과 박타푸르 더르바르 광장, 파슈파티나트와 창구 나라얀 힌두 사원, 스와얌부나트와 보드나트 불교 사리탑이다. 카트만두는 2015년 지진으로 파괴됐으나 재건됐다.그림 3

파탄 더르바르 광장은 랄릿푸르에 위치했다. 카트만두 계곡에 있는 3개의 궁전 광장 중 하나다. 힌두교와 불교의 중심지다. 말라 왕조(1201-1779)의 1600

년대에 조성됐다. 네팔 예술과 건축이 모여있다. 1979년 유네스코 세계 문화 유산으로 등재됐다. 136개의 바할(안뜰)과 55개의 사원이 있다. 주요 안뜰은 멀 초크, 순다리 초크, 케샤브 나라얀 초크다. 안뜰에는 정교한 조각과 고대 네와리 건축이 있다. 사원은 광장의 궁전 인근에 있다. 사원의 입구는 궁전을 향하고 있다. 비슈와나트 힌두 사원은 1627년에 세웠다. 사원은 정문에 두 마리의 돌 코끼리가 지키고 있다. 사원 반대편에는 시바의 수레인 황소 조각상이 있다. 사원 내부에는 석조 링가가 있다. 탈레주 바와니 사원은 1640년에 건축했다. 화재 후 1667년에 재건됐다. 말라 왕조의 왕실 여신이 있는 힌두 사원이다. 삼중지붕의 5층 사찰이다. 크리슈나 힌두 사원은 3층 구조로 시카라 스타일이다. 1667년에 세워졌다. 1층에 크리슈나의 본당이 있다. 2층에는 라마야나 조각이 있다. 21개의 황금 첨탑이 있다. 빔센 힌두 사원은 1680년에 지었다. 서로 연결된 3개의 황금 창문이 있다. 그림 4

그림출처

VIII. 대양주

46. 오스트레일리아 연방

◑ 위키피디아

그림 1, 그림 2, 그림 3, 그림 4, 그림 5, 그림 6, 그림 7, 그림 8, 그림 9, 그림 10, 그림 11, 그림 12, 그림 13, 그림 14, 그림 16, 그림 17, 그림 21, 그림 22, 그림 23, 그림 24, 그림 25, 그림 26, 그림 27, 그림 28, 그림 29, 그림 30, 그림 31, 그림 32, 그림 33, 그림 34, 그림 35, 그림 36, 그림 37, 그림 38, 그림 39, 그림 40, 그림 41, 그림 42, 그림 43, 그림 44, 그림 45, 그림 46, 그림 47, 그림 48, 그림 49, 그림 50, 그림 51, 그림 52, 그림 53, 그림 54, 그림 55, 그림 56

◑ 저자 권용우

그림 8, 그림 9, 그림 10, 그림 13, 그림 15, 그림 18, 그림 24, 그림 30, 그림 34, 그림 48, 그림 52, 그림 56

◑ 호주관광청

그림 19, 그림 20, 그림 25, 그림 27, 그림 28

47. 뉴질랜드

◑ 위키피디아

그림 1, 그림 2, 그림 3, 그림 5, 그림 6, 그림 7, 그림 8, 그림 10, 그림 11, 그림 13, 그림 15, 그림 16, 그림 17, 그림 18, 그림 19, 그림 20, 그림 21, 그림 22, 그림 23, 그림 24, 그림 25, 그림 26, 그림 28, 그림 29, 그림 30, 그림 31, 그림 32, 그림 33, 그림 34, 그림 35, 그림 36, 그림 37, 그림 38, 그림 40, 그림 41, 그림 42, 그림 43, 그림 44, 그림 45, 그림 46, 그림 47, 그림 48, 그림 49, 그림 50

◑ 저자 권용우

그림 2, 그림 3, 그림 4, 그림 5, 그림 6, 그림 8, 그림 9, 그림 10, 그림 12, 그림 14, 그림 26, 그림 27, 그림 30, 그림 32, 그림 33, 그림 34, 그림 38, 그림 39, 그림 40, 그림 42, 그림 44, 그림 45, 그림 46, 그림 47, 그림 48

IX. 남아시아

48. 인도 공화국

◑ 위키피디아

그림 1, 그림 2, 그림 3, 그림 4, 그림 5, 그림 6, 그림 7, 그림 8, 그림 9, 그림 10, 그림 11, 그림 12, 그림 13, 그림 14, 그림 15, 그림 16, 그림 17, 그림 18, 그림 19, 그림 20, 그림 21, 그림 22, 그림 23, 그림 25, 그림 26, 그림 27, 그림 28, 그림 29, 그림 30, 그림 31, 그림 32, 그림 33, 그림 34, 그림 35, 그림 36, 그림 38, 그림 39, 그림 40, 그림 41, 그림 42, 그림 43, 그림 44, 그림 45, 그림 46, 그림 47, 그림 48, 그림 49, 그림 50, 그림 51, 그림 52, 그림 54, 그림 55, 그림 56, 그림 57, 그림 58, 그림 59, 그림 60, 그림 61, 그림 62, 그림 63, 그림 64, 그림 66, 그림 67, 그림 68, 그림 69

◑ 저자 권용우

그림 6, 그림 10, 그림 11, 그림 18, 그림 19, 그림 24, 그림 29, 그림 30, 그림 35, 그림 37, 그림 38, 그림 39, 그림 40, 그림 42, 그림 46, 그림 49, 그림 52, 그림 53, 그림 60, 그림 61, 그림 64, 그림 65, 그림 66, 그림 67, 그림 68, 그림 69, 그림 70

49. 파키스탄 이슬람 공화국

◑ 위키피디아

그림 1, 그림 2, 그림 3, 그림 4, 그림 5, 그림 6, 그림 7, 그림 9, 그림 10, 그림 11, 그림 12

◑ 저자 권용우

그림 4, 그림 5, 그림 8, 그림 10, 그림 12

50. 방글라데시 인민 공화국

◑ 위키피디아

그림 1, 그림 2, 그림 3, 그림 4

51. 스리랑카 민주 사회주의 공화국

◑ 위키피디아

그림 1, 그림 2, 그림 3, 그림 4

52. 네팔 연방민주공화국

◑ 위키피디아

그림 1, 그림 2, 그림 3, 그림 4

색인

ㅌ

ㅍ

ㅎ

저자 소개

권용우

서울 중·고등학교

서울대학교 문리대 지리학과 동 대학원(박사, 도시지리학)

미국 Minnesota대학교/Wisconsin대학교 객원교수

성신여자대학교 사회대 지리학과 교수/명예교수(현재)

성신여자대학교 총장권한대행/대학평의원회 의장

대한지리학회/국토지리학회/한국도시지리학회 회장

국토해양부·환경부 국토환경관리정책조정위원장

국토교통부 중앙도시계획위원회 위원/부위원장

국토교통부 갈등관리심의위원회 위원장

신행정수도 후보지 평가위원회 위원장

경제정의실천시민연합 도시개혁센터 대표/고문

「세계도시 바로 알기」 YouTube 강의교수(현재)

『교외지역』(2001), 『수도권공간연구』(2002), 『그린벨트』(2013)

『도시의 이해』(2016), 『세계도시 바로 알기 1, 2, 3, 4, 5, 6, 7』(2021, 2022, 2023) 등

저서(공저 포함) 79권/학술논문 152편/연구보고서 55권/기고문 800여 편

세계도시 바로 알기 7 -대양주·남아시아-

초판발행 2023년 5월 8일

지은이 권용우
펴낸이 안종만·안상준

편 집 배근하
기획/마케팅 김한유
표지디자인 BEN STORY
제 작 고철민·조영환

펴낸곳 (주) 박영사
서울특별시 금천구 가산디지털2로 53, 210호(가산동, 한라시그마밸리)
등록 1959. 3. 11. 제300-1959-1호(倫)
전 화 02)733-6771
f a x 02)736-4818
e-mail pys@pybook.co.kr
homepage www.pybook.co.kr
ISBN 979-11-303-1764-9 93980

정 가 16,000원